新视野·文化遗产保护论丛（第一辑）

历史文化街区保护

单霁翔 著

天津大学出版社
TIANJIN UNIVERSITY PRESS

图书在版编目（CIP）数据

历史文化街区保护／单霁翔著 . — 天津：天津大学出版社，2015.5

（新视野·文化遗产保护论丛 . 第 1 辑）

ISBN 978-7-5618-5303-0

Ⅰ . ①历⋯ Ⅱ . ①单⋯ Ⅲ . ①商业街—文化遗产—保护—研究—中国 Ⅳ . ① TU984.13

中国版本图书馆 CIP 数据核字（2015）第 103266 号

策划编辑	金　磊　韩振平	
责任编辑	刘　焱	
装帧设计	逸　凡　魏　彬　蒋东明	

出版发行	天津大学出版社
地　　址	天津市卫津路 92 号天津大学内（邮编：300072）
电　　话	发行部：022-27403647
网　　址	publish.tju.edu.cn
印　　刷	天津市豪迈印务有限公司
经　　销	全国各地新华书店
开　　本	148 mm ×210 mm
印　　张	8
字　　数	231 千
版　　次	2015 年 6 月第 1 版
印　　次	2015 年 6 月第 1 次
定　　价	28.00 元

自序：把工作当学问做 把问题当课题解

"新视野·文化遗产保护论丛"陆续出版在即，出版社嘱我写一个作者自序，在心怀为往昔记录的考量下，愿以时间为轴写出自己简短的感言，希望聚焦的是有启迪意义的文化历程，也希望是充满真实情感的"乡愁"。

2011年8月25日清晨接到通知，我将要离开工作近10年的国家文物局，到故宫博物院工作。消息突然，没有精神准备。记得当天上午工作日程是在中国文化遗产研究院做专题报告。一路上，10年来的工作情景在脑海中闪过，想到在走向新的岗位之前，应该对以往工作进行回顾，负责任地进行工作交接，于是到会场后便放弃了已经准备好的多媒体演示内容，改为讲述参与中国文化遗产保护的体会，将近两个小时的畅谈，仍感意犹未尽，充满着回望与寻觅的思绪。

如今回想，当年的工作状态可谓"不堪回首"。就在那天接到通知之前的一周内，还经历了"南征北战"的过程：8月18日在吉林长春为市、县政府领导培训班做文化遗产保护报告；8月20日在西藏拉萨参加中国西藏文化论坛；8月21日在四川雅安参加茶马古道保护研讨会；8月23日和24日在福建福州分别参加全国生态博物馆、涉台文物保护总体规划评审、国家水下文化遗产保护中心福建基地启动、三坊七巷社区博物馆揭牌等活动。

一周数省，这就是当年常态化的工作状况。是什么力量支撑着自己一路前行，除了文物人"敢于担当、乐于奉献"的情结外，恐怕最主要的就是"把工作当学问做、把问题当课题解"的工作方法。不断出现的问题、不断凸现的矛盾和不断涌现的挑战，将时间撕裂成一块块"碎片"，甚至一天之内要几次"脑筋急转弯"。如果不能针对闪过的想法及时停下来思考、面对发现的问题及时静下来反思，就会陷于疲于应付、不堪重负的境地。城乡建设大规模展开的时期，必然是文化遗产保护处于最紧迫、最关键的历史阶段。只有"把工作当学问做、把问题当课题解"，才能在复杂的情况下，夯实基础，居安思危，防患未然；在困难的情况下，深思熟虑，心中有数，底气充足；在紧急的情况下，头脑清醒，敢于直面，坚守底线。

"把工作当学问做、把问题当课题解"的工作方法，需要持之以恒，读书、思考、写作、归纳，早已成为每天的必修课。无论是在考察途中的汽车里，还是在往返的飞机上，特别是每天晚上静坐在书桌前，以电脑为伴，将考察的感想、调研的体会、阅读的心得及时记录下来，这是一次次思绪的梳理、认识的深化。长期下来，居然积攒下上千万字的记录，包括论文、报告、访谈、提案，林林总总，其中既有"一吐为快"的真实感受，也有"深思熟虑"的肺腑之言，还有"临阵磨枪"的即席表达。将它们汇集起来，既是一个时期实践经验的点滴记载，也是一个时代文化遗产事业的综合纪实，还是一个保护工作者不息生命的心灵写作。面对这些海量且繁杂的"原生态"记录，早已萌生出按照内容进行分类归纳的愿望。所幸天津大学出版社伸出援手，以"新视野·文化遗产保护论丛"为名，按照不同内容进行分辑分册，涉及文化遗产保护基础建设、文化遗产保护项目实施和文物博物馆事业发展等各个方面。愿这些内容不仅涉及文化遗产保护的国家意志，也能体现普惠公众的文化遗产教育主题。

一路走来，吴良镛教授的学术思想始终像一座灯塔照亮我前行的方向。"把工作当学问做、把问题当课题解"，源于吴良镛教授所倡导的"融贯的综合研究"理论框架。就是力图从更广阔的视野、更深入的角度，分析和梳理文化遗产之间的内在联系，探索和建立新的文化遗产类型和相应的保护方式，使制约文化遗产事业发展的重点、难点和瓶颈问题不断得以有效解决。实践证明：文化遗产保护、城市文化建设、博物馆发展，在方法上、尺度上、内容上虽然各有不同，但是三者有着共同的研究对象，三位一体进行"融贯的综合研究"，则可以呈现出中国特色文化遗产保护的新视野。

从1984年进入城市规划部门以来，已经30余载；从1994年进入文物系统以来，也已经20余年，其间有不少令人难忘的回忆。有幸在职业生涯的最后一站，来到故宫博物院，一方面继续享受紧张工作带来的压力和挑战，另一方面得以将几十年来积累的体会应用于具体实践。今天，更为突出的感受是，只有"把工作当学问做、把问题当课题解"，且加强全程管理，才能使每一项工作都与细节管理挂起钩来，把桩桩件件事情都做得细之又细，才能获得持续发展的后劲。

北京时间2014年6月22日15时19分，从卡塔尔首都多哈传来喜讯，在第38届世界遗产委员会会议上，"中国大运河"被列入《世界遗产名录》。30分钟后，跨国联合申报的"丝绸之路：长安—天山廊道的路网"也顺利通过评审。作为大运河和丝绸之路保护与申报的参与者和见证者，我格外激动和自豪。2015年5月5日，从文化遗产保护现场又传来好消息，世界文化遗产——大足石刻千手观音造像抢救性保护修复工程竣工，看到"前方"传来修复后的美轮美奂的千手观音造像影像，我激动不已。回想2008年"5·12汶川大地震"后的第8天，我们从四川地震重灾区现场调查灾情后，赶到重庆大足，看望已经800岁高龄的千手观音造像，看到早已满目疮痍的文物本体又被地震殃及，当即决定开展抢救保护工作，将其列为石窟类保护的"一号工程"，如今千手观音造像再现"慈祥的微笑"，得以功德圆满。的确，每当昔日的努力成就今日的收获，都是保护工作者最幸福的时刻。

2006年6月10日，我们曾以无比喜悦的心情迎来了中国第一个"文化遗产日"。10年的奋争，10年的坚守，10年的耕耘，10年的收获。再过半个多月，我们又将以无限期待的心情，迎来中国第十个"文化遗产日"。谨以"新视野·文化遗产保护论丛"献给这一节日，献给长期以来用智慧和汗水呵护文化遗产的文博同人，祝愿祖国的文化遗产永葆尊严；献给长期以来用真情和热心关注文化遗产的社会民众，祝中华文化遗产事业蓬勃发展。

2015年5月25日

目 录

加强北京历史文化保护区的保护工作①

（1992 年 1 月）

北京是一座历史悠久的城市，是中华民族远古祖先的故乡之一。它有灿烂辉煌的历史文化，为中华民族及整个人类文明史做出了重要贡献，也为我们留下了内容极为丰富的历史文化遗产。1982年国务院公布北京为我国第一批历史文化名城之一。宏伟壮丽的城市布局、具有传统文化特色的历史文化保护区和星罗棋布的文物古迹，构成了北京历史文化名城的整体风貌。

历史文化保护区的保护工作，是历史文化名城保护工作的重要组成部分，也是它的深化和发展，应受到全社会的广泛重视。

一、历史文化保护区的确定

北京市历史文化保护区是指：新中国成立以前，在本地区内，自古以来有历史记载的人类活动中所创造出来的，其价值已被历史学、考古学、建筑学、美学和社会学等方面所确认的建筑群或遗址。包括城镇中心历史街区和地方特色浓厚的乡土建筑群或村落，在建筑史、考古学、经济史、政治史、科技史、文化史、社会学、民俗学等领域里有重要意义的历史地区以及特有的

---

① 此文为与陈凌合著，发表于《北京规划建设》，1992 年第 1 期。

社会习俗、地方文化、风土人情、传统工艺等无形的传统文化特色。

北京历史文化保护区的确定，可以从以下四个方面进行分析。

1. 从各个历史时期分析

（1）辽代以前。50多万年前"北京猿人"揭开了北京地区历史的第一页，并且形成了古代中华民族最早的文化；公元前1000多年的燕国都城是北京地区出现得最早的城市，在辽代以前它一直是我国北方重镇，是东北平原、西北高原、华北平原之间往来的必经之地和当时有数的商业都市之一。这一时期的历史遗存反映了北京人生息、繁衍的历史过程以及北京城市的形成与发展。如延庆阪泉遗址、昌平雪山文化遗址、琉璃河商周遗址等。虽然现存大多为遗址类，但由于年代悠久，科学文化价值极高，是历史文化保护区的重要内容。

（2）辽、金、元时期。这一时期是北京城市发展史上极其重要的转折点，出现了规模宏大的都城——金中都、元大都，在文化上表现为多民族相互融合，各种文化兼容并蓄，成为中国的政治、经济和文化中心。这一时期的历史遗存虽然不多，但对于研究北京城市建设历史和传统文化的形成过程意义重大。如金陵遗址、元大都土城遗址等。

（3）明清时期。明清北京城比较完整地保存到现在，是一项了不起的成就。明北京城是我国劳动人民在城市规划及建筑方面的杰出创造，是集古代城市建设优秀传统之大成者。它以皇城为中心，"左祖右社，前朝后市"，运用强调中轴线的手法，造成宏伟壮丽的景象；城内街道层次分明、功能明确，形成相对集中的商业街区及定期交易市场，如前门外地区、琉璃厂街道及隆福寺街；居住区以胡同划分居住地段，中间一般为具有特色的四合院民居，如西四北地区。清王朝继承了明北京城的格局，并在内城里建有许多王亲贵族的府第，如定阜街；在西郊建造了大片的皇家园林，形成了"三山五园"地区。

（4）近代。近100多年来，北京城蒙受了深重灾难，被打上了半封建半殖民地的印记，如东交民巷近代建筑群；而从"五四"学运、"二七"工运、"三一八"枪声、"七七"抗日烽火、"一二·九"大游行到反饥饿反内战的历史事件，也都记录在京城内外及大街小巷。

2. 从地理环境分析

（1）旧城区集中体现了北京的历史文化传统及古都风貌，是保护历史文化名城的关键地区，应保护其城市格局、中轴线、重要文化古迹、园林水系、空间特色、传统住宅区和历史街区等。

（2）近郊区历来是直接为城市服务的地区，包括关厢、村落和皇家园林，如德外地区、六郎庄、长河沿线的皇家园林等。

（3）西部、北部山区面积占全市面积的62%，与北京城市建设、历史文化的发展关系十分密切，是保卫京城的重要地区。在这一地区，历代修建了大量的军事防御工程、宗教寺院和皇家陵区，如明代的万里长城和十三陵，隋唐时期大房山的佛教建筑群等。由于历代营造，使优美的自然景观与丰富的人文景观相结合，在京郊形成了一系列风景名胜区。在少数民族生活过的地方，还留有民族的历史文化遗存。

（4）远郊平原地区有历史悠久的村庄、传统的农业生产工艺、古代的驿站集镇、皇家禁苑地区以及完备的水利体系。

3. 从历史功能分析

可以从建筑群和遗址两大部分来分析，具体如下。

（1）建筑群可以分为：城垣、街巷、店肆、民居、宫殿、衙署、寺庙、园林、陵园、村落及与重大历史事件和著名历史人物有关的建筑群。如德胜门箭楼及两侧的北护城河地段，宣武区上、下斜街的会馆建筑群，具有清代风貌的历史村落门头沟川底下村等。

（2）遗址可以分为：城址、街道址、居住址、墓葬址、古代工程遗址、历史上的风景地及与重大历史事件和著名历史人物有关的遗址。如圆明园遗址、大葆台汉墓群等。

4. 从历史文化价值分析

可以从城建史、居住史、教育史、军事史、交通史、水利史、工业史、商贸史、民族史、宗教史等方面来探寻具有特殊历史文化价值的建筑群和遗址。如在城建史方面有窦店汉土城遗址；居住史方面有南锣鼓巷四合院地区；教育史方面有南新华街近代教育建筑群；军事史方面有门头沟沿河城及敌台防御工程建筑群；交通史方面有西直门火车站近代建筑群；水利史方面有张家湾北运河遗址；工业史方面有长辛店近代工业建筑群；商贸史方面有鼓楼前传统商业街；民族史方面有牛街少数民族聚居街区；宗教史方面有南堂宗教建筑群。

通过以上分析，我们勾画出了北京历史文化保护区的完整轮廓，可以得出以下结论：确定历史文化保护区应从整体着眼，力求使列入保护范围的历史文化保护区能够构成北京地区全面、系统的历史和文化活动的见证，逐步形成一个反映北京历史文化名城整体风貌的保护区网络。

二、历史文化保护区的意义

众多的历史文化保护区是北京历史发展的见证，做好保护区的保护工作，具有十分重要的意义。

（1）历史文化保护区是城市景观中不可缺少的重要组成部分，城市中的历史文化遗存越多，城市景观就越丰富，独具特色的城市风貌就越强烈。

（2）历史文化保护区能向人们进行历史唯物主义和爱国主义教育，提高民族自尊心和自豪感，这是其他手段所难以替代的。通过其形象、生动、丰富的内容，能充实人们的精神生活，给人以知识和美的享受，并能激发人们对故乡故土的热爱，提高全社会的文化素养。

（3）历史文化保护区能够为各个学科的学术研究提供丰富的资料和有益的经验，对今天的城市规划建设有借鉴作用。

（4）北京的历史文化保护区遍布全市，丰富多彩，是吸引来访宾客的重要内容，也是开展国家文化交流、发展旅游事业的重要条件。

（5）历史文化保护区内的大部分传统建筑可以通过恢复或改变用途，赋予其新的生命，产生良好的效益，而破坏这些可以重新加以利用的资源是一种浪费。

总之，对于北京的历史文化保护区应该有计划地进行保护，把它们公之于世，动员全社会都来关心爱护它们，使它们真正成为国家的宝贵财富，并传给子孙后代。

三、历史文化保护区保护工作的回顾及存在的问题

在1983年中共中央、国务院原则批准的《北京城市建设总体规划方案》中，要求对体现北京城址变迁的地段、皇城内的重点地段、反映古都风貌和传统建筑艺术的街道、元大都以来民居街坊建设的典型、有代表性的宗教建筑群和少数民族聚居地区、相对集中的古建筑群、历史风景名胜区等进行保护。

总体规划批准实施以来，城市规划部门在编制各类规划时，都将历史文化保护区的保护作为一项内容，认真地进行研究。城市规划管理部门会同文物保护部门制定了一系列有关历史文化保护区的管理规定，如《北京市区建筑高度控制方案的决定》《北京市文物保护单位保护范围及建设控制地带管理规定》《北京市周口店北京猿人遗址保护管理办法》等。

1988年城市规划管理部门开始着手研究确定旧城区内具有历史文化传统特色的街区为历史文化保护区，并制定了《北京市历史文化传统风貌街区保护的建设规划管理暂行规定》。市政府也于1990年公布了第一批25片历史文化保护区名单。

这些年来，有关部门虽然在加强历史文化保护区保护工作方面做了一些工作，但是无论从深度还是广度来说，与北京这座历史文化名城的地位以及建设事业的发展要求还很不相称。有些地区虽然已公布为历史文化保护区，但在实际的规划管理工作中，对如何使其得到保护并发挥其应有的作用还缺乏整体的规划安排。同时，由于各方面对历史文化保护区的保护问题重视不够，认识不一，保护措施不具体，致使有些地区的传统特色不断受到损坏。主要存在以下四个方面问题。

1. 历史文化保护区内的环境质量较差

很多历史地区内的传统建筑由于年久失修，面貌残破，建筑上的瓦饰背饰、砖雕木雕或自然损坏严重，或被拆改；历史地区内新设立的棚、亭、公共厕所，挤占了道路、空地，突出于街道两侧；有的历史地区内还分布易燃、易爆、噪声大、震动大、污染严重的项目，对历史文化环境造成严重威胁；随着旅游业的发展，游览、观光、购物人数增加，造成有些历史地区环境容量不足；多数传统四合院由独门独户变成多户使用，甚至改变了使用性质，院内添建许多房屋，增加了密度，改变了格局，原有的檐廊、垂花门、墁地方砖等被逐件拆除。

2. 对历史文化保护区的更新与改造方面，有许多不正确的做法

其一，建筑装修上不适当地采用大理石、铝合金、镜面玻璃等现代材料，使景观杂乱无章；有的不恰当地使用一些黄绿琉璃、油漆彩绘，工艺粗糙，与整体环境不协调。

其二，地区内新建了一些与原有格局不协调的建筑，改变了原有风格和气氛，使其整体风貌受到破坏。

其三，在历史文化街区随意拓宽道路，破坏了原有商业街道固有的购物环境和传统居住区的安全、宁静和舒适。

其四，在一些历史文化保护区中大拆大建，搞"仿古一条街"或使古建筑"返老还童"，这是最糟糕的。

3. 历史文化保护区的外部环境较差

一些历史文化保护区周围的新建筑设计水平低，未能与保护区内的传统建筑构成和谐的群体，有的地方新建筑体量过大，对历史街区的景观造成压抑感。更有一些高大的烟囱、水塔等构筑

物，损害了保护地区的空间环境。历史街区内、外设立的水泥电线杆往往十分醒目，加上到处可见的电视天线，造成了对观赏视线的干扰。

4. 现行的保护工作管理体制不能适应要求

首先是尚有一大批极具保护价值的历史文化地区没有被列入需保护的名单。

其次，即使被列入文物保护单位的地区，尚有许多矛盾和问题长期得不到恰当的解决。

再次，已列入市政府第一批历史文化保护区名单的地区，由于对文物保护单位以外的其他传统建筑没有有效的管理和控制手段，致使这些传统建筑不断遭到破坏。

四、保护工作的三个重要原则

1. 历史文化保护区的保护工作，应以整治和逐步恢复传统风貌为主，切不可搞大拆大建的"仿古一条街"，要使其"延年益寿"，而不是"返老还童"

这里，我们结合国子监街的保护工作试做一些分析，具体如下。

国子监街在东城区安定门内，清代名成贤街，有孔庙和国子监，街上还有四座牌楼及一些庙宇。此街在孔庙和国子监建成后就开始形成，已有700多年历史，1984年公布为北京市文物保护单位。

1989年4月市长办公会议对国子监传统风貌街的保护提出要求后，市、区规划管理部门暂停了该街上的所有翻、扩、新建工程，调整了道路红线，部署了保护工作。

首先确定该地区保护工作原则为：从整治环境入手，逐渐恢复该街的传统风貌，形成以简朴民居为主，衬托两组古建筑群的幽静环境，整旧如旧，不搞大拆大建。

然后，对环境进行了治理，搬迁了原设在街上的农贸市场，腾退了沿街单位和居民违章侵占的街道用地，拆除了国子监、孔庙等文物保护单位内以及大门两侧的违章建筑，对沿街的残墙断壁、破旧门窗进行了修缮、粉刷、油饰。

在以上工作的基础上，进一步说服有关单位服从大局，按该街道原尺度退出用地，拆除了沿街二层轻型结构的办公用房，炸掉高大破旧厂房及烟囱等严重影响街景的建筑物，拆改了沿街的几处公共厕所，使之与周围的环境相协调，加强了对翻建房屋方案的研究审查，制定了《关于保护国子监街的通告》立于街道两端，并发布了《致国子监街居民的一封信》，成立了小学生护街组织。

经过两年多的工作，街道的传统风貌得到了初步恢复，目前第二期整治工作即将展开。我们认为，这种通过治理整顿，逐步恢复传统风貌，使其"延年益寿"的做法是切实可行的，受到了有关学术界的重视。

2. 不仅要保护历史文化保护区内的各级文物保护单位，而且要把一些有典型意义的传统建筑物群、个体建筑保存下来，确定为"历史文化建筑"

根据《中华人民共和国文物保护法》列为文物保护单位的条件比较严格，而有一些建筑物虽然在历史、艺术、科学这三大价值方面不具备列为文物保护单位的条件，但是它们对于形成、保持历史文化保护区的传统风貌有重要作用。设立"历史文化建筑"能够使这些传统建筑及时得到保护，长期发挥作用。

历史文化建筑的保护原则不同于文物保护单位。一般情况下，在不改变历史文化建筑外形，不损害其历史环境价值的前提下，可以进行内部改造，使它们在功能上适合现代生产、生活的需要。

我们认为以下几类建筑可以公布为历史文化建筑而加以保护。①在城市发展史上有过重要影响的建筑物，如积水潭的汇通祠、银锭桥、旧前门火车站等。②建筑艺术方面具有较鲜明的特点，已成为历史地区景观标志的建筑物，如东交民巷的正金银行、西交民巷东口的银行建筑等。③著名的老字号和其他在市民中有广泛影响的建筑物，如什刹海的会贤堂、烤肉季等。④与重大历史事件和著名历史人物有关的建筑物及著名建筑师设计的具有代表性的建筑物，如香山的曹雪芹纪念馆、梁启超墓等。⑤反映地区风貌特色的典型建筑，如西四北三条至北六条内20多个保存较完整的典型四合院等。

3. 不仅要保护好历史文化保护区的传统风貌，而且要认真研究解决保护区内单位、居民生产、生活方面的问题，处理好保护与适应时代要求之间的关系，使保护规划有实施基础和生命力

随着时代的发展，人们的生产、生活方式有了很大变化，历史文化保护区中的土地、建筑的使用性质也不可避免地发生改变，我们应当实事求是地分析研究，处理好保护与发展的问题。

（1）对于一些历史功能已消失的历史文化保护区，可以适当改变其使用性质而加以利用，如原为皇家园林的颐和园，现变成了接待游人的著名公园；对于一些地处历史文化保护区内严重破坏历史文化遗存的单位，也应创造条件改变其使用性质或限期迁出。

（2）由于现代生产、生活的变化，应实事求是地分析和解决生产、生活中的实际问题。如在四合院保护区内，可以按规划增加商业服务业网点，引入清洁能源和其他市政公用设施，以改善生活条件。

（3）对于已对保护区传统风貌造成严重影响的建筑或用地，应予整治，但也应区别情况，帮助解决使用单位的实际困难。如国子监街机床研究所拆除了沿街的二层轻型结构用房，腾退了用地，城市规划部门同意其按传统风貌要求沿街新建了业务洽谈用房，并积极帮助其落实征地问题，达到双方满意。

（4）对于在保护区内进行挑顶大修、装修门面等，规划部门应积极引导，使其符合传统风貌要求。

五、保护规划的编制

经市政府批准公布的历史文化保护区应编制保护规划。保护规划是保护区保护工作所应遵循的法规性文件，是一项综合性较强的规划研究工作，应当由具备一定规划设计资格的单位进行编制。

保护规划应体现"系统保护、统一规划、制定措施、加强管理"的方针，充分发挥历史文化保护区的作用，继承和发扬北京优秀文化传统，为首都建设服务。

要把历史文化保护区的保护规划纳入城市总体规划、分区规划、县（乡）域规划等综合规划，要根据每一历史文化保护区的实际情况，分别确定各保护区的保护范围；注意保护保护区内固有的合理的总体格局，特别是保护街道与传统建筑之间的良好比例关系，保护原有地形、地貌。要认真处理好保护规划与城市道路规划、市政设施规划等专业规划之间的关系。

要根据每一保护区的历史、艺术、科学价值的特点和在城市风貌中的地位及作用，进行具体的分析研究，确定对该保护区的规划原则，制定有针对性的规划管理办法。保护规划编制的基本要求如下。

（1）深入了解该地区的历史文化特色。包括：分析历史上的功能性质；布局特点，如地形、地貌、街道是单数还是复数，是规则的还是不规则的；建筑形式特点，如沿街建筑是连续的还是非连续的，是集中的还是分散的，以及建筑物的高度、建筑形式、装修特点、色彩、技术特点等；文化特色，如社会习俗、地方文化、风土人情、传统工艺等。

（2）深入调查该地区的现状情况。除调查一般的基础资料外，应特别详细调查各时代传统建筑物等的遗存状况，各类不同

北京前门外大街（2008年8月19日）

性质的传统建筑物遗存数量、质量，特别是传统建筑的房屋质量以及归属关系等。

（3）明确该地区的保护目的和景观效果。保护目的有创造良好的生活居住环境，振兴旅游经济，或形成具有特色的城市景观。希望获得的景观效果有街景型、环境型、发展型等。在此基础上，划定历史文化保护区的保护范围。

（4）制定每一个历史文化保护区的详细规划。除应提出土地使用规划、道路交通规划、高度控制规划等内容外，还应将保护范围内需要保护的建筑、可以保留的建筑、破旧危房等近期应拆除的建筑、对景观影响严重的建筑分类标出，并提出适用于该历史文化保护区的、可供在一定范围内选用的建筑物参考图集，特别是街景立面和屋顶的构成元素方面的参考图集，以保证今后在该地区内插建的建筑能与周围建筑群相协调。

历史文化保护区的保护规划，应广泛征求各方面专家的意见，并应鼓励当地居民参与。

六、保护规划的实施与管理

在编制了保护规划的基础上，应根据每一历史文化保护区的实际情况，制定具体的规划建设管理规定。管理规定一般应明确以下问题。

（1）严格保护历史文化保护区内的原有格局、历史功能及建筑物的传统特色，并尽量保留、恢复传统建筑的原使用性质。要最大限度地体现和延续经过历代建设、修葺的历史建筑，不得任意新建、改建、添建。必须建设的工程，其建筑高度、密度、体量、形式、材料、色彩等必须与该保护区的传统风格相一致。

（2）严格禁止在历史文化保护区内新建有污染或影响整体风貌的项目，对已有的这类建筑，要逐步创造条件搬迁或改变性质。

（3）凡保护区内的挑顶大修、装修门面、改换门窗形式、增加招幌字号、树立广告牌等修缮和外装饰工程，均应纳入建设规划管理范围。对现存有损传统风貌的建筑和装饰，要进行整治、拆除，逐步恢复原有风貌。

（4）各保护区应做出标志说明，建立保护工作档案，有的需分别设置机构或由专人负责管理。

保护规划的实施是历史文化保护区保护工作的关键问题。国子监街保护工作的实践给了我们有益的启示，具体如下。

历史文化保护区的规划管理工作应由城市规划管理部门负责，各区、县政府也应切实担负其本行政区域内历史文化保护区的保护责任。应发动一切机关、组织和个人都来履行保护历史文化保护区的义务，遵守有关保护管理的规定。建议市政府制定政策对历史文化保护区的保护工作给予必要的财政补贴；用补贴和免税等方法，鼓励人们保护、维修和使用历史文化保护区的传统建筑。对积极参加编制保护规划方案的规划设计单位应给予奖励，鼓励他们潜心钻研、努力做好这一有益于社会和子孙后代的工作。

历史文化保护区的保护工作在北京乃至在全国都是一个值得探索的新问题，我们把自己的一些想法谈出来，无非是为了引起大家对这一问题的关注，以便进一步共同探讨。

要加强历史地段的保护①

（1994 年 2 月 25 日）

北京历史文化名城的保护内容包括三个层次：一是文物保护，二是历史地段的保护，三是名城的整体保护。其中历史地段是古都风貌中不可缺少的组成部分，城市中这类遗存越多，景观就越丰富，独具特色的古都风貌就越强烈。历史地段以其形象、生动、丰富的内容，充实人们的精神生活，激发人们对故乡的热爱，提高民族自尊心与自豪感。

历史地段的保护工作起步较晚，相对薄弱。虽然市政府1990年批准颁布了25个历史街区为历史文化保护区，在全国带了一个好头，但保护工作中有许多问题急待解决。如缺乏详细规划，传统建筑年久失修、新搭建的简易建筑挤占道路空地、随意采用现代建筑材料等，所有这些表明，历史地段的传统风貌还在继续丧失。

加强对历史文化保护区的保护有以下几方面工作。

第一，历史地段的保护需要高质量的详细规划。首先应对已确定的保护区制定详细规划，确定保护范围，提出土地使用、道路交通、高度控制规划外，还需对需要保护的建筑、可以保留的

---

① 此文发表于《北京日报》，1994 年 2 月 25 日，第 2 版。

建筑、破旧危房等近期应拆除的建筑、严重影响景观的建筑等分类标出，区别对待，并对新建筑的形式、色彩等提出具体要求。

第二，保护工作以整治和逐步恢复传统风貌为主，切不可搞大拆大建的"仿古一条街"，要使其"延年益寿"，而不是"返老还童"。在这方面，东城区国子监街的整治工作经验值得借鉴、推广。

第三，建议设立"历史文化建筑"。每个保护区内都有一些具有典型意义的传统建筑群或单体建筑，如著名的老字号、著名建筑师的代表作品等。将这些传统建筑公布为"历史文化建筑"，促使人们在改造中采取审慎的态度，免于轻易拆毁。

第四，要把保护规划的实施与管理落在实处。要落实保护的管理机构，制定保护法规，确定具体管理程序和办法，并要解决资金与传统建材的生产与供应等问题。

第五，增设各级历史文化保护区。首先要把本市历史地段的底数摸清楚，不但应从城建史、居住史、民族史、商贸史、宗教史等方面，而且应确定在教育史、工业史、交通史、水利史等领域里有重要意义的历史地区，如南新华街近代教育建筑群、长辛店近代工业建筑群、西直门火车站附近近代建筑群、张家湾北运河源头遗址等。力求使列入保护范围的历史文化保护区能够构成北京地区全面、系统的历史和文化活动的见证，逐步形成一个反映北京历史文化名城整体风貌的保护区网络。

历史文化名城建设的有效措施
—— 建议增设历史文化保护区①

（1994 年 10 月 21 日）

　　1990年北京市政府颁布了25个街区为"历史文化保护区"，从而对旧皇城内和文物古迹比较集中的街区，以及像什刹海地区、国子监街、阜成门内大街、牛街、大栅栏等一批代表传统文化或少数民族特色的街区提出了整体保护的要求。这一举措为国内首创，是在总结近10年来历史文化名城保护工作的基础上，针对目前城市发展中出现的新情况，为维护古都风貌，把北京建设成一流历史文化名城所采取的行之有效的措施，也为全国开展历史地段保护工作提供了新的模式。

　　几年来的事实证明，做好历史文化保护区的保护工作，对于既是历史文化名城，又是特大城市的首都北京来说，将一些确有保护意义的历史地段划定为历史文化保护区加以保护，是保持城市发展的历史延续性和文化特色，展示名城传统风貌现实可行的做法，这样做抓住了保护的重点，可以较少地影响其他地区的旧城改造，减少与城市现代化建设的矛盾，对妥善处理名城保护与发展的关系具有重要意义，应成为今后北京历史文化名城保护工作的基础和重点之一。

---

① 此文发表于《中国文物报》，1994 年 10 月 21 日，第 2 版。

但是北京市颁布的第一批历史文化保护区主要集中在旧城内，并且保护类型比较单一。我认为，确定历史文化保护区应从整体着眼，力求使其构成北京地区全面、系统的历史和文化活动的见证，逐步形成一个反映北京历史文化名城整体风貌的保护区网络。

　　在京郊的各区县也还保存着不少具有重要历史文化价值的历史地段，虽然不在城区范围内，也有必要尽快划定为历史文化保护区加以保护。比如德胜门外关厢地区、西郊"三山五园"、海淀六郎庄以及远郊一些历史悠久、独具特色的村寨，古代的驿站、集镇，历史上少数民族的聚居地等，均应列为保护之列。

　　同时在确定历史文化保护区时，不仅要根据它们的历史文化价值，而且应把那些价值已被有关自然科学所确认的历史地段列入其中，从教育史、交通史、水利史、工业史、商贸史等方面来探寻具有特殊科学文化价值的建筑群和遗址。如在教育史方面有南新华街近代教育建筑群、交通史方面有西直门近代铁路建筑群、水利史方面有通州北运河遗址、工业史方面有长辛店近代工业建筑群、商贸史方面有前门外传统商业街区。

　　总之，历史文化保护区是建设一流历史文化名城不可忽视的重要组成部分，城市中的历史文化遗存越多，城市景观就越丰富，独具特色的古都风貌就越强烈。这些历史文化保护区在首都迈向现代化的进程中，不断地向市民进行历史唯物主义和爱国主义教育，提高民族自尊心和自豪感，激发人们对故都、故乡、故土的热爱之心，给人以知识和美的享受，充实人们的精神生活，提高全社会的文化素养。同时这些历史文化保护区也必然成为吸引国内外游客的地区，有利于开展国际文化交流、发展旅游事业。

为首都文化建设献计

——"国子监模式"值得推广①

（1994 年 12 月 22 日）

国子监街已有700多年历史，今天走在这条街道上，首先看到街中巍然耸立着四座在京城街道上已难以见到的牌楼，牌楼附近用满汉文镌刻"文武官员到此下马"的石碑保存完好，夹道的老槐树以亭亭如盖的绿荫笼罩着一幢幢传统四合院民居的门楼，间杂数处古色古香的店铺门脸，路北两组古建筑气势宏大，红墙黄瓦与灰墙青瓦相邻，绿树蓝天相衬，所有这些都体现了老北京街道的面貌，给人以古朴典雅、幽静恬静的情趣。

但是几年前这里还是和京城内许多街道一样，道路和空地被200余个摊位的集贸市场所挤占，搭建了一些违章建筑及临时设施，沿街新建了与原有建筑形式很不协调的建筑。东城区政府在市规划部门和文物部门的积极参与下开始了国子监街的保护整治工作。

国子监街的保护整治工作首先确立了鲜明的指导思想，以整治和逐步恢复传统风貌为主，既不同于东西琉璃厂改造那种推倒重来，建"仿古一条街"，也不同于大栅栏街的大拆大改、整旧变新，而是在原有基础上从整治环境入手，保留历代建筑的叠加，整旧如旧。

---

① 此文发表于《北京晚报》，1994 年 12 月 22 日，第 1 版。

经过几年的整治，国子监街的传统风貌得到了初步恢复。我认为，这种通过治理整顿，逐步恢复历史文化保护区的传统风貌，使其"延年益寿"而不是"返老还童"的做法是切实可行的，值得在全市历史文化保护区保护工作中加以推广。

北京国子监街历史文化保护区北京孔庙

成贤街（2009年3月30日）

国子监街的整治与历史地段的保护①

（1996 年 8 月）

20世纪90年代初，北京市做出了两项对北京旧城将产生重大和深远影响的决定，一是加快危旧房改造步伐（1990年4月），以改善京城百姓的居住条件；二是公布第一批历史文化保护区（1990年11月），以保护和发扬历史传统风貌。于是，改造和保护的序幕同时拉开，落脚点同在旧城。六年过去了。危旧房改造已全面铺开，其规模之大、投入之巨、覆盖之广和速度之快是空前的。而历史地段保护工作进展相对滞后，存在着认识不清、责任不明、资金不足和措施不力等诸多问题。在这一背景下，有关部门在国子监街积极开展了保护整治的试点工作，进行了有益的探索和实践。

国子监街位于北京旧城安定门内，又名成贤街，是现存不多的京城古老街道之一。它形成于元朝初年，距今已有700多年历史，是元大都城内具有独特地位的一条街道。

国子监街的独特之处，体现于以下方面。

第一，不巧的历史建筑。街中的国子监始建于元大德十年（1306年），是元、明、清三朝最高学府，也是北京最古老的讲

---

① 此文发表于《建筑师》，1996 年第 71 期。

学之地。国子监内的"辟雍泮水"是风格独特的古代建筑形式，重檐攒尖顶的方形殿宇，四面环水、周廊围绕，金瓦、红墙、绿柏、白栏与碧水相辉映，显得格外富丽堂皇，是京城中难得一见的景观；国子监东侧是同时期营建的孔庙，这种"左庙右学"的布局形式，体现了我国传统建筑的规制。孔庙是元、明、清三朝帝王祭祀孔子的场所，其规模宏伟、气势不凡、古柏参天、肃穆静谧，整个古建筑群沉浸在秩序、规范和宗教仪礼之中。庙内完好地保存着国内唯一整套的清代"祭孔"礼、乐器。以皇家祭孔规制为依据的表演，是集乐、歌、舞三位于一体的综合艺术，其乐曲节奏鲜明、典雅悠扬，其舞容古朴端庄、优美娴静。目前，国子监和孔庙这两组古建筑群分别作为首都图书馆和首都博物馆对外开放，发挥着社会教育功能。

第二，迷人的街道景观。国子监街全长约630米，在传统设计中，用布置牌楼、碑石、影壁、门楼等附属点景建筑物的方式，划分漫长的街道空间。街口和道中巍然耸立着四座始建于明朝的牌楼，二柱三楼式牌楼的横额上分别书写着"成贤街"和"国子监"，过街牌楼是北京传统街道的特殊景观，但是完整成组保留至今者，独此一处。尺度宜人的街道两侧是鳞次栉比的传统四合院民居和红灰相邻的街道，使整个街道具有浓厚的地方特色，街中两组镌刻有"官员人等至此下马"的石碑，向人们诉说着古道昔日的威严。国子监的大门曰集贤门，孔庙的大门为先师门，两座建筑沿街排开，使街景形成高潮，显现出皇家建筑的雄伟和神权至上。先师门檐下斗拱大而稀疏，造型古朴简洁，是目前北京地区已罕见的元代木结构建筑风格。漫步街中，丰富变化的建筑形式、高低错落的天际轮廓、宽窄相间的街道空间，一切都具有美好的韵律感，更加上夹道古槐、琉璃影壁、民居门楼、店铺门面，使街道增添了独特的魅力，给人以人文美、艺术美、伦理美的享受，春夏秋冬，朝暮四时，古老街道的景观又各有不同，春日飘浮的白云、夏日斑驳的槐荫、秋日金黄的落叶、冬日待融的残雪，变化着人们的视觉和观感，与街道共同组成一幅幅赏心悦目的画卷。这就是国子监街的美，一种华丽与古朴并存的美，一种喧腾与宁静相伴的美，一种变幻与秩序同在的美，一种圣洁与世俗交融的美。

第三，丰富的文化内涵。国子监街又是一条久负盛名的文化街，蕴含着浓郁的文化生活气息。昔日这条街道上聚着来自大江南北、长城内外的学子，一些监生毕业后考取了进士，其姓名、籍贯、名次被镌刻在孔庙的进士提名碑上，天长日久，形成了碑林。保留至今的198座进士题名碑上，共记载了元、明、清三代51200余名进士，是研究古代科举制度的珍贵实物资料。数百年间的蹉跎岁月、风雨年华，中榜进士的雀跃，落榜学子的泪滴，书写着国子监文化，这里孕育和荟萃了汉、蒙、满等各族的优秀人才，其中不乏为中华民族做出卓越贡献的文学家、艺术家、科学家以及忠臣义士、贤明州官。这里还培养了一批批外国留学生，促进了中外文化交流。国子监街内珍贵文化遗存随处可见，乾隆年间刻制的十三经石碑189座，是国内仅存的最完整的同类刻石，大成门内清代翻刻十枚石鼓，其年代、诗文历来为历史学家、文学家所重视。所有这些遗存均以其丰富的文化内容为今天的学术研究提供着宝贵的资料和有益的借鉴。因此，国子监街不仅是由古建筑、民居等构成的"物质文化"，透过街道景物的表面，更能探究出其中所蕴藏的文化内涵。

第四，纯朴的民风民俗。国子监街不仅是中国历史文化演化的重要舞台，而且是北京人世代生息活动的场所。岁月沧桑、斗转星移、政局嬗替、世事变迁，使国子监街记下了旧北京历代的社会风情，它有如一部"京文化"小百科全书，好似一座北京民俗博物馆，通过这个窗口能够领略到北京人的社会生活状况，看到北京人特有的文化生活习惯。来到这条街上的中外游客，除参观文物古迹外，还往往面对每一栋民居门楼仔细端详，不同的门簪、不同的雕饰、不同的门墩、不同的对联，引起他们的极大兴趣，他们不时又把目光停留于街道上嬉戏玩耍的稚童、拉琴唱戏的老人、互致问候的妇女、沿街叫卖的商贩，他们用羡慕的心情体验着传统街区内温馨的邻里关系和富有乡情味的生活方式。在国子监街这块文化沃壤里生根、发育起来的胡同文化，有着令人向往的神秘感，散发着浓郁的"京味"，当之无愧地成为传统民俗文化的象征，在色彩斑斓的"京文化"中占有重要的地位。

综上所述，国子监街因其特定的地理环境和历史上所扮演的特定角色，形成了自身的个性，它是北京城市发展的见证，更是城市风貌中不可缺少的重要组成部分。今天，随着时代的变迁与观念的更新，那些封建时代的思想内容和旧日的意识形态已被冲刷干净，留下来的则是历史街区的优美景观和文化内涵。它的存在不仅为发展旅游事业增添了多彩的一笔，为各学科的学术研究提供了丰富的史料，而且以丰富的文化内容向人们进行历史传统和爱国主义教育。鉴于其重要的历史文化价值，国子监街于1984年被公布为北京市文物保护单位，1990年又被公布为北京市历史文化保护区。

但是就在几年前，国子监街也同城区内许多街道一样，传统景观在湮没和丧失，街道中集贸市场摊位林立；棚、亭、厕、桶挤占了道路的空地；违章建筑随处可见；沿街传统建筑物由于年久失修残败破损，建筑上的瓦饰砖雕或自然损坏或被拆改；也有的房屋修缮后不适当地采用了大理石、铝合金、镜面玻璃等与历史地段环境格格不入的建筑材料；地段内分布有噪声大、污染严重的机械加工企业，高大的厂房、烟囱影响着街道景观，所有这些都严重威胁着历史街道的传统风貌。

20世纪80年代末，国子监街的状况逐渐引起各界的注意，要求保护的呼声日渐高涨，北京市政府对国子监街的保护提出了要求，在市规划、文物、区政府和清华大学的共同参与下制定了国子监街的保护整治方案。

保护整治工作首先确定了明确的指导思想，即"从整治环境入手，整旧如旧，不搞大拆大建，逐渐恢复传统风貌特色，形成以简朴民居为主、衬托两组古建筑群的幽静环境和独特风貌"。同时开展了现状调查和规划调整工作。调查工作包括人口调查、居民的生活和居住结构调查、用地调查、房屋质量调查和基础设施调查。规划部门重新研究了道路网系统，原规划国子监街由11.6米扩展为25米宽城市道路的计划被取消，城市道路调整至其南侧的方家胡同，保留了国子监街的传统尺度。在上述工作的基础上，环境整治全面展开，一举搬迁了原设在街道上的有两百余个摊位的农贸市场；腾退了沿街单位和居民违法侵占的街道用地；拆除了国子监、孔庙内及大门两侧的违章建筑；对沿街上万平方米的残垣断壁、破旧门窗进行了修缮、粉刷、油饰；随后，整治向纵深开展，动员沿街单位服从大局，按传统街道尺度退出了国子监、孔庙门前的广场用地；拆除了沿街单位与景观极不协调的二层轻型结构的办公楼,炸掉了高大破旧厂房和高达数十米的烟囱等严重影响景观的建筑物;拆改了沿街的几处公共厕所使之不再突出于街道,并与周围环境相协调;对古建筑进行了大规模的修缮。

经过数年的努力,国子监街的传统风貌得到了初步恢复。保护整治工作既改善了沿街居民和单位的生活及工作环境,也改善了旅游环境和投资环境,前来观光的中外游客逐年增加,沿街土地和房屋迅速增值,不少人申请进入此处定居。通过国子监街的实践,对历史地段的保护整治工作也取得了以下认识。

第一,保护整治工作必须调动各方面积极性,多渠道、多途径地开展。国子监街的整治工作坚持了以区为主,规划、文物部门积极指导,辅之以各方面的支持和密切配合。首先是区政府充分理解保护历史地段的意义和自身的责任,由区政府动员当地街道办事机构、区属各职能部门,对保护区域实施综合整治,房管、市容、工商、公安、交通等部门都发挥了各自的作用,使保护整治工作逐步取得成效。其次是动员了沿街单位和居民给予支持。在规划、文物部门和区政府召集下,先后数次召开了保护整治所涉及的各单位、私房产权人和居民约近千人参加的说明会、座谈会,印制了《致国子监街居民的一封信》,发送到居民手中,广泛深入地宣传历史地段的文化特点,宣传文物古迹的历史价值,增强当地居民的荣誉感和保护意识,使更多的人支持并积极参与保护整治。区政府还制定了《关于保护国子监街的通告》,立于街道入口处,公之于众。位于国子监地区的国学小学成立了小学生护街组织——"保护文物小分队",几年来,同学们走了一批又一批,但是小分队的活动却承传了下来,从来没有间断。同学们在国子监街上劝阻路人损坏文物的不文明行为，定期为古建筑扫土擦尘、清洁环境。天长日久，师生们对历史街区的一砖一瓦、一草一木产生了深厚的感情。事实说明，当地单位、居民的理解与支持是国子监街保护整治工作取得成功的保证。

第二，保护整治工作必须长期坚持，不能急于求成。历史街区是市民生活和从事各类活动的有机载体，地段内的各类建筑物作为其组织细胞，总是在不断新陈代谢。有的建筑的材料与结构较坚固或建设时间较晚，尚不需要改造，有的建筑年代久远，质量堪忧，则亟待改造；因此历史地段的保护过程，就必然是不断保留、修缮好的或较好的建筑，逐步剔除破旧建筑的过程。国子监街也是如此，街道上的原住户房屋，是由不同社会阶层、不同经济条件、不同生活方式的人，在不同的历史时期、根据不同的需要陆续建造起来的，规模有大有小、档次有高有低、质量有优有劣。几百年来，街道中的房屋坏了拆、拆了盖，新的变旧的、旧的又变新的，一代又一代，经历了无数次的变革。根据对国子监街沿街传统房屋的调查，从建筑质量看，应予保护的文物建筑和质量较好、有价值的四合院建筑约占总面积的10%，房屋质量差，需要近期拆除或改建的危旧房屋占20%，而房屋质量虽然存在一些问题，但是经过维修可以继续满足使用需要的房屋约占70%。可见，国子监地区的大部分传统建筑可以通过修缮，赋予其新的活力，产生良好的效益，而破坏这些可以重新加以利用的资源将是一种浪费。对于那些危险房屋应于近期通过努力，予以更新，使这部分居民及早从恶劣的居住环境中解脱出来。哪里危险就更新哪里，化整为零，一栋一栋地整治，这是一种符合国子监实际情况，投资少、见效快的方式。历史地段之所以珍贵和具有魅力，主要在于它丰富的历史文化集积和不同历史时期遗存的叠加。经过数百年建设形成的历史地段，如果在短时期内实行全部彻底的更新改造是非常危险的，尤其在目前的经济和认识水平上，获得利润往往成为投资改造的首要目的，而保护传统风貌则时常变得软弱无力，所以从全局和长远的观点来看，按照新陈代谢规律，力求潜移默化，逐步更新改造，避免急于求成，不失为保护整治的上策。这样可能进展速度慢一些，需要较长的整治时期，但是只有这样有计划地、持续地维护、修缮与改造更新，才能不割断历史，有利于保护历史信息和文脉；才能不破坏现存平衡的社区结构，使历史地段的发展显示出有机生长的特征；才能有利于新旧建筑相映生辉，形成既统一又多样化的面貌，避免新的千篇一律。过去对于历史地段的整治改造，总寄托于大拆大建或推倒重来，期望"毕其功于一役"。事实证明其结果反而事与愿违，大拆大建既不经济也不现实，处理不好更是一种建设性破坏。近些年来，有关部门在琉璃厂、大栅栏等历史地段都进行了一些保护实践活动，而国子监街的工作为京城历史地段的保护又开辟了一种模式，国子监街的保护整治工作，既有别于琉璃厂的"仿古一条街"，也不同于大栅栏的"旧貌换新颜"，而是力求在原有基础上，以整治和逐步恢复传统风貌为主，保留历代建筑的叠加，使历史街区"延年益寿"，而不是"返老还童"。实践证明，对于历史地段来说，这是一条积极稳妥的保护之路。

第三，保护整治工作必须妥善处理好历史地段内单位、居民的工作、生活问题。保护整治工作不仅要保护好历史街区的传统风貌，而且要认真研究这一工作给当地单位和居民将带来哪些影响，妥善处理好保护传统风貌与创造现代化工作与生活条件的关系，使保护整治工作具有实施基础和生命力。在国子监整治过程中，有关部门一方面向沿街单位反复讲解保护整治方案和目标，动员他们服从大局，将本单位的发展目标和建设规划自觉地纳入历史地段的保护规划。另一方面，区别不同情况，采取易地补偿、就地还建等不同措施，积极帮助他们解决整治工作中出现的实际问题，如沿街的机床研究所服从大局拆除了沿街的二层办公楼和高大的烟囱、厂房，并按传统街道尺度腾退了数千平方米的用地后，同意其在沿街新建了传统建筑形式的业务洽谈和产品展示室，室外古色古香，室内美观实用。同时积极协助该单位落实了在近郊区的补偿征地，在此基础上，共同协调有关单位，实现成片供热，使仅存的一根高大烟囱的拆除成为可能。这些工作赢得了该单位对保护整治工作的拥护。又如，某教育部门退出用地后，允许其沿街开辟旅游配套设施，使其既为历史地段保护做了贡献，又从保护整治中得到了实惠。街中的首都图书馆和首都博物馆是保护整治的最大受益者，整治清新的环境迎来了更多的读者和观众。首都博物馆抓住时机，及时推出了"北京历史文物陈列"大型展览，800多件体现北京历史发展的文物精品，吸引了众多的参观者，展览获得了成功，也为整治后的国子监街锦上添花。首都图书馆也积极创造条件，计划合理利用辟雍，恢复原状陈列并展示中国古代教育史料，使目前闲置的著名古建筑对外开放。对于沿街居民住宅，允许在保护原有平面格局、结构做法和立面风格的基础上，结合现代生活需要进行改建。发挥政府、单位、个人三方面积极性，探索出传统民居修缮、改建和合理使用的新途径。

目前，国子监街的保护整治工作仍在实施中，随着城市经济改革的深化，人们价值观念和生活方式的转变，保护整治工作也出现一些新的问题：一是对国子监街的功能性质认识不统一。有观点认为，沿街建筑不一定以民居为主，主张为满足旅游的需要，促进经济发展，可以将街道性质改为旅游商品街。在此影响下，近一两年来，沿街数栋民居破墙开窗，改造为旅游商店，街道两侧路口也出现了高档餐厅、洗衣店和摄影厅等商业店铺，并有向街内扩散之势。二是随着国子监街环境的改善，带来了土地增值，一些海内外经济实力雄厚人士纷纷在街内择地建房，但是由于建房者对历史地段价值理解方面的差异和对这类项目的工程审批不够缜密，造成某些建筑的体量偏大，特别是华丽的宅门和外檐彩绘，与周围的传统建筑难以构成和谐的群体，和近在咫尺的古建筑相比，也颇有喧宾夺主之势。三是生活质量的提高使一些现代化设施出现在传统街道景观中，与历史景观格格不入。如新建四合院对外设置的机动车库大门，在街道中格外显眼，新安装的空调器、卫星接收器成为传统景观中的不速之客，越来越多的电话线在空中编织成网，与架空电力线、水泥电线杆共同构成对景观的视线干扰。

实践证明，历史地段是动态变化的，我们对历史地段的保护整治工作也必将是一个动态变化的过程，旧的问题解决了，新的问题又会产生，历史地段不会在达到某一保护整治目标后就自动停止其自身的发展，任何保护整治的成果都不是工作的结束，而意味着新的工作的开始。国子监街更是如此，它是活的历史地段，在数百年的历史长河中，不断新陈代谢，继承发展，具有很强的生命力，并仍将在今后的城市生活中发挥重要作用。因此，应继续探索国子监街特有的发展规律和文化内涵，对今后的保护整治工作要有更为科学的指导思想和发展目标，要有更为缜密的实施方案和方法步骤，要有更为合理的管理手段和审批程序。

首先，要进一步明确国子监街的功能性质。国子监街的传统特色，应是以简朴民居为主，衬托两组古建筑群的幽静环境和独特风貌，如果说国子监街是一株花卉，国子监与孔庙就是盛开的两个花朵，大批朴素的传统四合院居民就是片片绿叶，有绿叶映衬更显得花朵开得丰繁多彩，但是好花也需要长年养护，不断地长出新叶，每片叶各有不同，但是相互协调统一。国子监、孔庙两组古建筑群应保持并进一步发挥其文化、旅游设施功能，近期在继续办好首都图书馆、首都博物馆的基础上，扩大开放空间和完善社会教育功能。数年后，新的首都图书馆、首都博物馆在新址建成后，国子监、孔庙应继续对外开放，分别作为"中国古代教育博物馆"和"北京孔子研究院"，以新的功能和面貌服务社会，促进历史文化与现代文化的融合、高雅文化与大众文化的互进，形成国子监街特有的文化设施体系。国子监、孔庙两组古建筑群的对面现为两组占地规模较大的事业单位，应继续创造条件减少它们对历史街区的影响，并调整沿国子监街一侧的使用功能，使之开辟为文化教育场所或旅游配套设施，与国子监、孔庙相呼应，并弥补其不足。700多年来，国子监街和四合院给一代又一代的居民提供了安全、整洁、宁静、祥和的生活空间，应保护这一份历史遗产，沿街的民居应基本保持原有使用性质，并重视地段内原有社会结构的保护，最大限度地保护和延续经过历代建设、修葺的传统建筑，使大部分当地居民能继续居住于此，维系和谐的邻里关系。应制定政策，通过财税补贴等方法，鼓励人们保护、维修和使用原有传统建筑，同时通过小规模、小范围的改建，逐步将危险房屋和对景观有影响的建筑先期进行改造，并通过改造适当减少地区内的人口密度。但是不应在历史地段内采取出让土地或出售高标准商品房的方法实施成片改造。

其次，要进一步制定详细的管理规定。在现有的保护管理规定的基础上，制定管理实施细则，应明确建设规划管理原则，规定建设工程申报审批程序和违反规定的处罚办法；应将挑顶大修、装饰门面、改换门窗式样、设立招幌字号、树立广告牌、安装室外设备等修缮、装饰活动也纳入保护管理范畴；应积极引导新的建设项目在高度、体量、形式、材料、色彩等方面与地段内的传统风格相一致；要研究国子监街传统民居的结构形态和特色，总结出建筑模式语言，编制出适用于本地段的，可在一定范围内选择的建筑形式及建筑细部参考资料，特别是沿街立面中屋顶、墙壁、门窗、台阶等构成元素方面的设计参考图集，以保证任何改造都可以在一定范围内有所遵循，既做到插建的建筑能与周围建筑群相协调，防止随心所欲，又可以按用户需要有所变化，避免千篇一律。在管理中，对建设控制地带的高度规定应严格执行，避免周围地段新建楼房突入历史街区的景观天际线。

再次，要进一步改善市政基础设施条件，逐步调整国子监地区的道路系统，待国子监街南侧实现城市规划道路后，国子监街应禁止机动车通行或辟为步行街，沿街单位的机动车出入口应调整至南北两侧辅路，并合理设置停车场所。国子监街应恢复原有的街墙、影壁、栅栏，使街道更具魅力，也使游客漫步街中更加悠闲、安全。要逐步改造沿街市政基础设施：引入集中供热系统、炊事燃气系统等清洁能源，以改善居民生活质量和环境质量；将沿街架设的电力线和电话线入地，使街景大为改观；改善目前的垃圾收集方式，撤掉既影响景观又影响环境的垃圾桶群。

新建民居在外观与周围环境相协调的前提下，内部应引入现代化的卫生、采暖设施，改善住宅的生活条件。

国子监街的实践告诉我们，历史地段的保护整治是关系保护人类文化遗产、改善人民生活和城市环境的大事，也是一项难度很大、涉及各个领域的系统工程。它既受整个城市经济结构调整、社会结构变革的影响，又有待于人们思想观念、生活方式的变化，不能仅从城市规划、文物保护或建筑设计方面寻找解决问题的答案，而要在长期的保护实践中寻找正确的方法，在不断总结经验、纠正偏差中妥善处理过去、今天和未来的关系。

1997，北京历史地段保护渐入佳境[①]

（1997年8月5日）

　　1997年是北京文物保护事业稳步发展的一年。半年时间刚过，就已有银山塔林、湖广会馆、古崖居遗址、报国寺等文物保护单位修缮后对社会开放；邮政博物馆、蜜蜂博物馆、药膳博物馆、平北抗战纪念馆等博物馆建成正式接待观众；王府井古人类活动遗址的考古成果、老舍故居的捐赠、东岳庙的修缮，都给北京的文物工作注入了新的活力。除此之外，同样令人振奋的还有从历史文化保护区传来的消息：

　　——国子监街历史文化保护区，街中最后一栋计划拆除的高大车库的消失，为该地区恢复历史街道的风貌画上了一个圆满的句号；

　　——五四大街历史文化保护区，昔日被简易商亭、摊位所拥塞而喧嚣嘈杂的北大红楼前，通过综合整治，恢复了浓郁的文物气息；

　　——南北池子大街历史文化保护区，对存留多年的违章建房实施清理，共拆除违章建筑数十处，清运垃圾数百吨。沿街80余座民居门楼、临街铺面门脸及街墙均按传统风格进行了修葺，恢复了昔日皇城区的历史风貌；

----

① 此文发表于《北京日报》，1997年8月5日，第5版。

——南锣鼓巷历史文化保护区，在60公顷的保护范围内，全面进行墙壁粉刷、门窗油饰，修缮了门楼、照壁。仅仅数月，人们惊奇地发现北京城内这一最古老的传统街区更加充满迷人的魅力；

——阜成门内大街历史文化保护区，西城区以"打开山门、亮出白塔寺"为龙头，对占用文物建筑的数十户居民的搬迁工作进展顺利，占据白塔寺山门的副食商场已经停业待拆，这一整治工作的实施，被誉为本市20世纪90年代最引人注目的文物保护工程；

——在京郊，驼铃古道——石景山区的模式口街、古迹山庄——门头沟区的川底下村、塞外古驿站——延庆县的榆林堡等，也都传来了保护这些历史地段的佳音。

文物保护的实践证明，将一些确有保护意义的历史地段划定为历史文化保护区加以保护，是保持城市发展的历史延续性和文化特色，展示历史文化名城传统风貌的现实可行的做法。但是，在我国这一工作起步较晚，缺少成熟的经验。同时历史地段的保护又是一项难度很大、涉及各个领域的系统工程，既受整个城市经济结构调整、社会结构变革的影响，又有待于人们思想观念、生活方式的变化，要在长期的保护实践中，寻找正确的方法。在这一背景下，上述历史文化保护区的保护整治实践，无疑是一次成功的探索，它将带来北京历史文化保护区的保护工作从观念到形式，以至保护方法等一系列的转变。

一、保护观念的转变

今天人们开始用市场经济的观点，重新审视自己身边那些司空见惯的街巷、胡同、宅院、民居，开始将它们视为千金不易的资源。这是北京历史地段保护工作认识上的一次飞跃。的确，众多的历史地段从整体上看已经十分破旧，与北京高速发展的城市建设和居民迫切要求改善生活条件处于两难的境况。长时间以来，为北京现代化发展而忙碌的人们，甚至无暇向这些历史地段看上一眼。随着时代的变迁与观念的更新，在北京这块文化沃壤里发育的历史地段，愈发显露出诱人的神秘感，其独具特色的景观和文化内涵，为发展旅游事业增添了丰富的内容，为向人们进行历史传统和爱国主义教育提供了实物教材。实践更告诉人们，保护这些历史地段，不仅是为了北京长远的未来，为了北京人的子孙后代，更是为了维系今天我们赖以生存的人文环境，也能为今天的现代化建设做出贡献。当新技术产业开发区、北京金融街、市级商业服务中心的建筑群拔地而起的时候，人们开始思索，北京的优势还有哪些？对此，西城区有了明确的答案。他们把目光集中在阜成门至景山这一条北京城内沿街文物景点最丰富、品位最高的"黄金风景线"，那里潜存着极大的综合效益，加快这一地段的保护与利用，必将带来全区的繁荣与发展。宣武区聘请文物专家对全区历史文化资源进行调查，提出在未来的几年内，结合本区历史特点，建成大栅栏、天桥、大观园、琉璃厂、牛街等五个历史文化游览区，以促进全区社会、经济的协调进步。东城区交道口街道，为本地区拥有全市历史最悠久、规模最完整的北京四合院保护区而无比骄傲。他们要通过保护和整治办起"胡同游"，让每位到北京的人都知道"南锣鼓巷"。就连距京城数十千米外的斋堂镇、康庄镇的镇长、村长们也早已坐不住了，开始编制本区域内历史地段保护与利用的实施计划。

二、保护形式的转变

今年各历史地段所开展的保护整治工作都坚持了以区为主，各部门密切配合，当地居民广泛参与，同时调动全社会各方面积极性的做法。西城区将阜成门内大街的保护整治列入区文化发展战略重点工程，确定了"分段规划、重点突破、近期现实可行、远期美好理想"的保护整治原则。东城区为南、北池子大街和南锣鼓巷地区的保护整治工作制定了详细的综合整治目标，由街道办事处负责统一组织协调，规划、文物、房管、市容、工商、公安、交通等各区属职能部门都发挥了各自的作用。这些保护整治工程，广泛深入地宣传历史地段的文化特点，宣传文物古迹的历史价值，增强了当地居民的荣誉感和保护意识，使居民们对历史街区的一砖一瓦都产生出深厚的感情，使更多人支持并积极参与保护整治。南锣鼓巷的保护整治工程，采取了国家拨款、街道筹措、社会集资的方式，并通过多渠道、多途径的方式，建立起四合院保护区修缮基金。国子监街的保护工作也得到了社会广泛的理解和支持，天星实业集团就为该地区的进一步保护整治工作捐助了300万元资金。事实证明，保护好历史地段，不再仅是某些专业职能部门的工作，而且是各级政府工作的重要内容，更是全社会的共同责任。

三、保护方法的转变

数百年来历史地段和传统民居不但为北京城创造了古朴、典雅、整洁的特色风貌，更给一代又一代的居民提供了安全、宁静、祥和的生活空间。保护历史地段，就是要保护这一份历史遗产。因此保护历史地段要采取逐步整治的方法。要保存整体风貌和真实历史遗存，切忌大拆乱改。尽量保留历史建筑的叠加，整旧如旧，对后人不合理改动的地方，整治时可恢复其原有风格，使整个历史地段逐渐恢复独具特色的传统风貌。同时，历史地段由于年代久远，基础设施大多十分落后，这一问题长期不解决，不但影响当地居民、单位保护的积极性，而且势必导致历史街区的窒息和进一步毁坏，因此保护历史地段一定要积极改善基础设施，注意提高当地居民的生活质量。南锣鼓巷等历史地段的保护整治工作，就是从改善市政基础设施条件入手，逐步改造沿街旧式方沟，将居民盼望多年的上下水管道铺到了家家户户。今后还将逐步引入集中供热系统、炊事燃气系统等清洁能源，以改善居民生活质量和环境质量。他们在拆除两侧居民违章建筑后，为住户重新建起青砖灰瓦的围墙，使居民们可以利用墙内空间，既方便又安全。在保护整治工程中，还改善了目前落后的垃圾收集方式和公厕条件，保护区内的百余座胡同公厕将按标准进行翻修改造。这些历史地段的整治工作已经取得了初步成果。保护整治不仅为当地居民带来良好的生活环境，为沿街各单位带来良好的投资环境，为旅游者带来良好的游览环境，而且良好的环境又带来了地区内土地、房屋的迅速增值，不少人申请进入此处投资或定居，为这些历史街区进一步的保护整治奠定了新的基础。

北京众多的历史文化保护区就像一颗颗镶在京华大地上的璀璨明珠，我们要更加珍惜爱护它们，将它们完整地带给21世纪。

关于加强历史文化街区、村镇保护的建议案①

（2003 年 3 月）

新修订的《中华人民共和国文物保护法》第十四条规定："保存文物特别丰富并且具有重大历史价值或者革命纪念意义的城镇、街道、村庄，由省、自治区、直辖市人民政府核定公布为历史文化街区、村镇，并报国务院备案。"

历史文化街区、村镇是我国历史文化遗产的重要组成部分，是保护单体文物、保护历史文化街区和历史文化村镇、保护历史文化名城这一完整体系中间不可缺少的一个层次。但是，历史文化街区、村镇的保护与单体文物和历史文化名城保护相比起步较晚，科学研究工作相对滞后。

我国历史悠久，地域辽阔，民族众多，文化丰富，自然条件千差万别。正因为如此，在中华大地上，至今保留着大量生动记载着人类历史进程的传统生活、生产区域或人的创造与自然环境完美结合的景观。这些区域和景观既以不同形态保存在各个大城市中，也多姿多彩地分布在广大乡村和小城镇，而且，越是在相对经济不发达、交通不便利的地区，保存得越多，越好。这是开展历史文化街区、村镇保护工作的丰厚基础。应当认识到，一方面，历史文化街区、村镇同历史文化名城、文物保护单位一样，首先是不可多得的

---

① 此文为在全国政协十届一次会议上的提案。

历史见证，其次又是宝贵的旅游资源。把它们保护好，并完整地传给后代，是人类社会可持续发展战略的重要举措。另一方面，在飞跃发展的现代化进程中，由于各地经济、文化水平的巨大差异，历史文化街区、村镇的传统风貌及生活方式面临着前所未有的压力和冲击。甚至一些历史悠久、独具特色的历史文化街区、村镇，在城乡建设中遭到拆毁和破坏。如浙江定海古城的主要历史文化街区被强行拆除，福州著名的三坊七巷也已名存实亡，历史文化遗产遭受了无可挽回的损失。以全社会的力量关注、促进对尚存的历史文化街区、村镇的保护，已时不我待。

上述情况和形势不仅存在于我国，而且存在于世界范围。联合国教科文组织《保护世界文化和自然遗产公约》为此将历史城镇、人类传统住区或土地使用的杰出典范以及文化景观列入须动员国际社会合作抢救保护的范畴，并为之界定了概念、内涵和标准。我国是签署了该《公约》的文明古国和大国，如果继续在相关的领域处于落后的地位，这与我国的国际地位和义务也是不相符的。

建议国务院进一步加大对历史文化街区、村镇保护管理的力度。

（1）组织对全国范围内的历史文化街区、村镇资源进行全面调查，摸清基本情况，建立历史文化街区和历史文化村镇保护名录和记录档案。

（2）制定《历史文化街区、村镇保护条例》，使其保护进一步纳入法制化轨道。

（3）核定公布一批国家级历史文化街区和历史文化村镇，并使之成为一项延续性的工作，不断地充实内容。

从"大规模危旧房改造"到"循序渐进,有机更新"①

（2006 年 7 月）

　　近两年，北京市社会科学院开展了"北京城区角落调查"。调查报告指出："所谓'城区角落'，是指在城市化和现代化进程中，城市规划区内城市化或城市现代化水平相对滞后的局部地区。归纳起来，城区角落具有环境脏乱、市政基础设施不足、危房集中、管理相对薄弱和贫困居民比例较大等特点。"经过调查，他们将北京的"城区角落"分为七种类型②，其中"文物保护"型名列之首。针对"文物保护"型城区角落的调查说明为："北京是一个古老的城市，有很多需要保护的历史文物、历史风貌和历史街区，这是北京独一无二的宝贵财富。但不可否认，不少历史文物、历史风貌和历史街区在维持现状的表象下正遭受着各种或明或暗的破坏，还有不少市民依然居住在拥挤不堪、市政基础设施严重不足、阴暗潮湿、存在严重火灾隐患的危旧平房里。"③这一调查结果引发了人们一系列思考，为什么历史城区会出现"'文物保护'型城区角落"？历史街区和文化遗产正在遭受着哪些"或明或暗的破坏"？什么是历史城区保护与居民生活

---

① 此文发表于《文物》2006 年第 7 期，第 26 页，2006 年 7 月出版。
②"北京城区角落调查"中所列城区角落的七种类型为："文物保护"型、"内城遗忘"型、"城中村"型、"厂中村"型、"城市飞地"型、"地下空间"型、"特殊人群聚居"型。
③ 朱明德：《北京城区角落调查 No.1》，10 页，北京，社会科学文献出版社，2005。

改善的适宜方式？

一、历史街区保护问题产生的原因及后果

当前各地历史城区普遍存在以下问题。一是人口拥挤，住房困难。特别是人均10平方米以下的住房困难户集中分布在历史街区内，往往一个200～300平方米的传统民居院落居住着10户以上的居民。如北京前门街道距天安门广场仅1～2千米，但在1.09平方千米的辖区内，人口密度竟达到4.28万人/平方千米，远远高于2.5万人/平方千米的北京中心城区平均人口密度。由于房屋密度过大，造成采光不足、通风不畅，院落低洼积水现象普遍。有些历史街区由于年轻人的逐渐离去而不同程度地呈现老龄化趋势，从而丧失了往日的活力。这些状况对历史街区保护产生了十分不利的影响。二是传统建筑年久失修，严重老化。历史城区内的传统建筑中相当一部分是清末民初的遗存，由于长期得不到正常修缮，房屋老化破损，"危、积、漏"问题非常严重，有的屋面破漏、墙壁剥落，有的甚至梁架倾斜、濒临倒塌，进行修缮已经刻不容缓。如北京历史城区内传统建筑中的危房比例已由新中国成立初期的5%，达到目前的50%以上。几十年来陆续搭建的简易棚屋质量更为恶劣，不少历史街区内这类棚屋面积占到正式房屋面积的60%左右。三是生活基础设施落后。历史街区大多经历百年风雨，生活基础设施已远远跟不上时代发展的要求。如多数居民没有自家的卫生间，每天需要去较远的公共厕所；没有燃气管道和集中供暖设施，大多数还采用煤炭取暖；不少院落还在使用公共水龙头，甚至在高峰用水时段供不上自来水；随着家用电器迅速增加，供电线路和设备负荷明显不足；到处可见随意缠绕的电线、

胡乱放置的煤气灶等，火灾隐患严重等等。面对这种无上水、无下水、无燃气、无暖气、无厨房、无厕所、无阳台、无壁橱、无车棚、无绿地的状况，居民戏称为"十无户"①。

造成以上问题既有历史原因，也有现实因素。20世纪50年代各城市普遍采取了"以旧城为中心发展"的模式，对历史街区内的传统建筑则贯彻"充分利用"的方针。由于这些传统建筑量大面广，修缮负担逐年加重，投入力度明显不足，危房问题逐渐呈现。从20世纪60—70年代开始，城市人口急剧增长，住房需求不断加大，政府采取"经租"等方式将大量新增人口挤入私人住宅院落之中。随着人口繁衍、户数增加，住房更加困难。为此又鼓励单位和居民在历史街区内"见缝插针"，大量搭建房屋或增建简易楼房，并号召在院落内"推、接、扩"建，不仅使历史街巷被挤占，同时传统民居院落也逐渐演变为"大杂院"。由于房租较低，难以"以租养房"，房屋管理部门仅能因陋就简加以维持，传统建筑普遍失修失养，危房也大幅度增加，历史街区呈现大面积破败景象。几十年来，各地政府一直试图彻底改造历史城区。20世纪80年代，伴随"旧城改造"的兴起，政府主导的危房改造也有所推进，各地相继开展了一些试点工作。虽然由于大量外来人口进入历史街区，造成更严重的住房短缺，居民生活居住条件越来越差，但是普遍出现依靠政府"等待改造，一步登天"的局面。

进入20世纪90年代，各地开始实施大规模危旧房改造，其特点是改造对象由"危房"变成了"危旧房"，一字之差，改造的范围和规模发生了很大变化，并引发了改造性质的转变。由于危

---

① 朱明德：《北京城区角落调查No.1》，62～68页，北京，社会科学文献出版社，2005。

旧房改造成为历史街区改造的主要形式，因此一时间其他各项建设工程都被要求与危旧房改造相结合。同时，一些高档写字楼、高级公寓、大型商业设施等纯粹商业性房地产开发项目，为了享受政府给予的各项优惠政策，也以危旧房改造名义开展，导致危旧房改造的规模迅速扩大。房地产开发商通过积极介入危旧房改造计划，不但获得大量区位条件较好的土地和大型房地产开发项目的机会，同时还享受政府给予危旧房改造的各项优惠政策，于是更多的房地产开发商参与危旧房改造，并取得了巨大的经济利益。危旧房改造呈现出以下特点。一是改造规模大。不少城市采取确定危旧房改造项目后一次性进行改造的方式，有的城市还规定每片危旧房改造区规模不得小于一定面积，致使一个危旧房改造项目可以覆盖十几条街巷，涉及上千户居民，最大的项目甚至上百公顷，涉及上万户居民。二是改造速度快。《北京晚报》曾以《每年消失600条胡同，北京地图俩月换一版》为题报道："统计表明，1949年北京有大小胡同7000余条，到20世纪80年代只剩下约3900条，近一两年随着北京旧城区改造速度的加快，北京的胡同正在以每年六百条的速度消失。"[1]三是采取成片推倒重建方式。各地的大规模危旧房改造，几乎千篇一律采取大拆大建模式，即对改造地段实行人搬光、房拆光、树砍光的"三光"。大量经过修缮仍然可以利用的传统建筑被拆除，另建楼房。由于在改造中漠视原住居民的合法利益，改变了原有社区结构，还引发了一些社会矛盾。

由于大规模危旧房改造开发经营的主体是商业性房地产开发

---

① 王军：《城记》，14页，北京，生活·读书·新知三联书店，2003。

公司，投资的目的是为了赚取高额回报，因此为了达到更高的经济利益，危旧房改造往往按照"拆一建三""拆一建五"等模式进行，其结果是改造区内户数不但没有下降，反而有所增加，无法达到疏解历史街区人口的目的。同时，建筑密度也越改越高，历史街区内的绿地和开敞空间不断遭到蚕食和侵占，树木大量砍伐，使得生态环境问题变得更加复杂和严重。不少危旧房改造区由于房地产开发商"占而未用"，致使正常的房屋维修早已停止，造成传统建筑加速衰败，危房面积进一步扩大。历史街区内房屋破损、环境杂乱、人口拥挤、违法建筑密集、火灾隐患突出的状况，又为进行更大规模的危旧房改造提供了理由。一些地方政府为了实施"政绩工程""形象工程"，甚至纵容或变相纵容房地产开发商大拆大建、乱拆乱建、强拆强建。野蛮拆迁使房地产开发商降低了成本、缩短了工期、增加了效益，也成就了部分官员的"政绩"，却损坏了当地居民的现实利益和历史性城市的长远利益。为此，2004年6月《国务院办公厅关于控制城镇房屋拆迁规模严格拆迁管理的通知》，要求加强对拆迁工作的管理和监督，调控拆迁规模，防止和纠正急功近利、盲目攀比的大拆大建。其后，各地也相继出台了不少措施，但大拆大建的现象并没有完全制止住，有些地方仍然很严重。《人民日报》载文指出："地方政府将划拨土地上的房子拆掉，将几十年的土地使用权出让给开发商，而开发商再将几十年的地租一次性分摊到购房人身上。这种'不计成本，大拆大建，以地生财，透支未来'的城市建设思路，背离科学发展观，已经成为建设和谐社会、节约型社会的羁绊。"[1]

---

① 李忠辉：《大拆大建 城市的伤痛与遗憾》，载《人民日报》，2005-09-23。

以大规模危旧房改造的思路在历史街区内实施"危""旧"不分的大拆大建，其结果不但使真正危房问题不能得到及时解决，反而造成历史建筑大量消失，在文化遗产保护方面引发了严重的后果。由于历史城区内散布着大量文物古迹和古树名木，在实施改造前本应详细调查加以认定，在改造中则需针对不同保护对象，采取各种技术措施加以严格保护，这无疑是一项技术性较强的工作，也需要一定的时间和资金。但是房地产开发商和施工单位为了提前工期和节约成本，往往采取"推光头式"的方法，简单粗暴地对待文化遗产，结果使历史街区的传统风貌荡然无存，甚至在有的历史城区中再也找不到一片完整的历史街区，许多文物建筑、名人故居被拆除，造成不可挽回的损失。还有一些城市在危旧房改造中大量使用所谓"易地迁建"方式来处理文化遗产保护问题，不仅对文物建筑造成严重的人为破坏，而且由于肇事者逃避法律责任，未受到任何惩罚，更加助长了破坏文化遗产的不良风气。大规模危旧房改造在拆除质量差的危房的同时，也将大量质量完好或经过修缮仍可继续使用的传统建筑一并拆除，这些被拆除的传统建筑大多都有数十年乃至上百年的历史，含有丰富的历史文化信息。如果它们存在，后人可以不断有所发现并合理利用，如今留下了无穷的遗憾，造成了社会资源的极大浪费。同时，文物古迹与周围的传统建筑是一个和谐的整体，将其周边大片以传统民居院落为主的传统建筑拆除，不仅破坏了历史文化资源，也破坏了宝贵的历史文化环境，不但在经济上是严重的浪费，在文化上也是一场灾难。

在生活环境极其恶劣的情况下，历史街区内的居民有着要求改善生活居住条件的迫切心情与强烈愿望。特别是无力通过自身努力改善居住条件的居民，把希望寄托于危旧房改造。因此，当危旧房改造开始实施时，居民普遍持欢迎态度。但是，随着危旧房改造的推进和房地产开发力度的加大，大规模改造中存在的问题逐渐严重起来，居民和房地产开发商之间的矛盾不断加剧，拆迁纠纷日趋增多。不少居民逐渐对通过危旧房改造改变自身生活状况失去热情，一些居民甚至产生了强烈的抵触情绪。特别是随着大规模危旧房改造的深入推进，改造地段的居民回迁率越来越低，甚至为零。房地产开发商提供给居民的外迁安置房也离城市中心区越来越远，致使大批居民迫于无奈迁往郊区居住，远离了自己所熟悉的社会环境，遭遇交通不便、就业困难、生活设施不全、房屋质量较差等问题。许多居民开始认识到这种大规模危旧房改造方式虽然住房面积有所增加，但却在生活、工作等其他许多方面蒙受损失。因此出现了大部分居民希望改善自己的住房条件，同样大部分居民反对采取房地产开发方式进行大规模危旧房改造的局面。

大规模危旧房改造也引起了社会各界的广泛关注和强烈反对。2002年9月，侯仁之、吴良镛、宿白、郑孝燮等25位专家、学者致信国家领导，题为《紧急呼吁——北京历史文化名城保护告急》，强烈呼吁："立即停止二环路以内所有成片的拆迁工作，迅速按照保护北京城区总体规划格局和风格的要求，修改北京历史文化名城保护规划。" 2003年3月，福建省政协文史资料委员会印发了"福州三坊七巷和朱紫坊保护调查问卷"。"问卷发出后，100%的回执都否定了'旧房拆除，有文物价值的迁到其他地方重建'和'完全让房地产开发商去改造'这两种观点"[1]。

---

① 李书焌：《福州三坊七巷名城保护任重道远》，载《中国建设报》，2006-01-16。

2003年8月，著名专家谢辰生先生致信国家领导，针对大规模危旧房改造所造成的严重后果呼吁"现在仅存的部分无论如何是不能再继续破坏了"，这受到了国家领导的高度重视。2004年10月，吴良镛教授在部级领导干部历史文化讲座上大声疾呼："北京市应采取有效措施立即停止在旧城内的一切大规模拆除'改造'活动，改弦易辙！应转变现有的危改模式，'整体保护，有机更新'，拟定新的政策条例，抢救已留存不多的古都历史性建筑风貌保护区，逐步向周边地区转移旧城的部分城市功能，通盘解决北京旧城保护的难题。"[1]2005年10月，国际古迹遗址理事会第15次大会在西安召开，"理事会当日收到了来自北京的一封信，信件陈述了对于北京现有胡同存在状况的忧虑，认为北京老城区所剩无几的胡同和四合院正在一天天地减少，而幸存的也受到高楼大厦与建筑工地的包围和威胁。信件同时呼吁，希望通过此次大会，能够真正加大保护中国的历史建筑、历史名城的力度。北京四中高二年级'北京文化地理'选修课的十位学生是信件的联署发起人，大会收悉后，引起了强烈共鸣"[2]。2005年12月，建设部仇保兴副部长撰文指出："不幸的是我国许多地方，在争创'国际化大都市'、实现'一年一小变，三年大变样'等豪言壮语的驱动下，在'人民城市人民建、消灭危旧房为人民'等貌似正确而且'鼓舞人心'的口号策动下，城市发展之源、文脉之根的旧城区或历史文化街区纷纷被推倒、拆平，取而代之的是大量毫无特色的'现代'楼宇，彻底破坏了上千年历史形成的独特风貌，成为失去记忆的城市，这等于将祖传的名画涂改成现代水彩

① 北京图书馆：《部级领导干部历史文化讲座·2004》，335页，北京，北京图书馆出版社，2005。
② 章剑锋：《北京胡同濒绝》，载《中国经济时报》，2005-11-09。

画。"①

二、国际社会关于历史城区保护理念的变化

在我国不少城市热衷于开展大规模危旧房改造之前，国际社会在改善历史城区人居环境和注重文化遗产保护的理念方面已经发生了一系列变化，并且日臻完善。

（一）对小规模整治方式的探索

对小规模整治方式的探索始于对大规模改造的批判。美国学者L.芒福德（L.Mumford）对大规模改造规划曾有过深刻的批判："把城市的生活内容从属于城市的外表形式，这是典型的巴洛克思想方法。但是，它造成的经济上的耗费几乎与社会损失一样高昂。""大街必须笔直，不能转弯，也不能为了保护一所珍贵的古建筑或一棵稀有的古树而使大街的宽度稍稍减少几英尺"②。著名学者J.雅各布斯（J.Jacobs）更是大规模改造的激烈反对者，她于1980年在国际城市设计会议上指出："大规模计划只能使建筑师们血液澎湃，使政客、地产商们血液澎湃，而广大群众则总是成为牺牲品。"③

从20世纪70年代以来，各国学者纷纷著书立说，阐述各自关于小规模整治的观点。如1973年，E.F.舒马克（E.F.Schumacher）提出规划应当首先"考虑人的需要"，主张在城市的发展中采用"以人为尺度的生产方式"和"适宜技术"。1975年，C.亚历山大

---

① 仇保兴：《在城市建设中容易发生的八种错误倾向》，载《中国建设报》，2005-12-13。
② 金经元：《近现代西方人本主义城市规划思想家霍华德、格迪斯、芒福德》，78～79页，北京，中国城市出版社，1998。
③ 方可：《当代北京旧城更新：调查·研究·探索》，26页，北京，中国建筑工业出版社，2000。

（C.Alexander）主张用中、小规模的包容多种功能的逐步的改造取代大规模的单一功能的迅速的改造，同时对历史保护区内的新建筑的建设进行严格的控制。C.罗伊（C.Rowe）和F.考特（F.Koetter）则强调了"以小为美"的原则和居民意向拼贴决定论，并认为这样城市才有活力，城市规划的目标也易于兑现和调整。上述学者都指出了用大规模计划和形体规划来处理城市的复杂的社会、经济和文化问题的致命缺陷，同时，几乎是殊途同归，他们都对传统渐进式规划和小规模改造方式表示了极大的关注[①]。

在实践方面，美国政府于1973年正式废止了"城市更新"法案，并在第二年开始推进中、小规模的社区开发计划。在欧洲等地也出现了"历史街区修复""老建筑有选择地再利用""社区建筑""住区自建"等一系列新的规划概念和方法。虽然各种规划理论和实践之间存在不同观点和方式，但是都一致反对大规模的以房地产开发为主导的剧烈的改造，强调规划本身的灵活性和广泛的公共参与，并且更加注重文化遗产的保护。同时一些重要国际会议也提出了鲜明的主张。如联合国《温哥华人类住区宣言》（1976年）认为"一个人类住区不仅仅是一伙人、一群房屋和一批工作场所。必须尊重和鼓励反映文化和美学价值的人类住区的特征多样性，必须为子孙后代保存历史、宗教和考古地区以及具有特殊意义的自然区域"。国际建协《北京宪章》（1999年）进一步指出："新陈代谢是人居环境发展的客观规律，建筑单体及其环境经历一个规划、设计、建设、维修、保护、整治、更新的过程。将建筑循环过程的各个阶段统筹规划，将新区规划设计、

---

① 方可：《当代北京旧城更新：调查·研究·探索》，101～103页，北京，中国建筑工业出版社，2000。

旧城整治、更新与重建等纳入一个动态的、生生不息的循环体系之中，在时空因素作用下，不断提高环境质量，这也是实现可持续发展战略的关键。"这些理念代表着当前人类社会对历史环境保护和人居环境建设的正确理解。

由此看来，国际社会对于历史城区保护与更新方面的理念和实践不断有所变化和进展，一是开始更加注重人的尺度和人的需要，更多地关注人与环境的平衡关系，强调居民和社区参与更新过程的重要性，更新的方式从大规模的激进式改造，转向小规模的、渐进式的、居民参与下的、以改善社区环境为主要目标的综合整治。二是更加强调对文化遗产的保护，重视对现状环境的深入研究和充分利用，重视保护人文环境，反对简单的推倒重建，主张对传统建筑加强保护并区别对待。三是在规划与设计方面，从单纯的物质环境改造规划转向社会、经济发展规划和物质环境改善规划相结合的综合的人居环境发展规划，强调规划的过程和规划实施的连续性，可持续发展思想逐渐成为社会的共识。

（二）对保护传统民居的提倡

第二次世界大战以后欧洲经济复苏，大批人口涌入城市，开始大规模的住宅建设。当时普遍的做法是拆毁旧区，拓宽道路，建设高楼。但是不久人们发现这样做的结果使历史环境遭到破坏，传统特色在消失。人们意识到，除了保护文物建筑之外，还有历史的记忆。瑞典前驻华大使傅瑞东回忆道："20世纪60、70年代，欧洲在城建方面犯过大错。我的故乡瑞典首都斯德哥尔摩就是这样。把成片17、18世纪的老房子纷纷拆除，盖上高高的写字楼、购物中心、停车场、宽街新路。现在90%的斯德哥尔摩人认为这样干是大错特错，原来是老房子的地方现在都冷冷清清，了无生气。"[1]在世界各地，人们对于保护文化遗产的认识也有一个逐渐提高的过程。由保护宫殿、府邸、教堂、寺庙等建筑艺术的精品，发展到保护民居、作坊、店铺、酒馆等反映平民生活、生产的历史见证物。保护内容越来越广泛，内涵越来越丰富，保护的层次也从物质的、有形的向文化的、精神的方面提升发展。

回顾文化遗产保护的经验与教训时，国际社会特别强调大规模改造所造成的巨大破坏作用。在社会经济尚不发达时，传统建筑遭受的主要是自然的破坏。而在经济发展的起步阶段，人们急于改变物质生活条件，忽视精神生活的需要，对传统建筑的人为破坏大大超过自然的破坏。待经济发展到一定水平，价值观念起了变化，进而追求精神生活的丰富时，传统建筑将重新受到重视，而且愈显宝贵。但是传统建筑是不可再生的，任凭今后有多么强大的经济实力，对已遭受破坏而不复存在的传统建筑及其历史环境来说，留下的只能是无法挽回的遗憾。J.雅各布斯在《美国大城市的死与生》书中指出："老建筑对于城市是如此不可或缺，如果没有它们，街道和地区的发展就会失去活力。"接着她进一步强调："所谓的老建筑，我指的不是博物馆之类的老建筑，也不是那些需要昂贵修复的气宇轩昂的老建筑——尽管它们也是重要部分——而是很多普通的、貌不惊人和价值不高的老建筑，包括一些破旧的老建筑。"[2]在历史街区里，单独的某一栋传统民居其价值可能尚不足以作为文物加以保护，但是传统民居建筑群叠加在一起所形成的风貌却反映了历史街区的整体面貌，从而具有重要的保护价值。目前，在一些城市里一方面传统民居被

---

[1] 傅瑞东：《留恋老北京》，载《人民日报》，2002-04-02。
[2] 简·雅各布斯：《美国大城市的死与生》，金衡山，译，207页，南京，译林出版社，2005。

大规模破坏，另一方面地方政府每年都要斥巨资对文物建筑进行修缮。说明这些地方政府虽然具有文化遗产保护的意识，但对传统民居保护的概念还不够清晰，没有认识到文物建筑的修缮仅仅是文化遗产保护的一个组成部分，而传统民居也是历史街区的宝贵资源，承载着大量物质的和非物质的历史信息，很难想象在失去了传统民居的情况下，历史街区还有什么文化风貌和街巷肌理可言。特别是在我国各历史城区中文物古迹存量已经不多的情况下，传统民居更需加倍珍惜。

《威尼斯宪章》（1964年）指出，"历史古迹的概念不仅包括单个建筑物，而且包括能从中找出一种独特的文明、一种有意义的发展或一个历史事件见证的城市或乡村环境，这不仅适用于伟大的艺术作品，而且亦适用于随时光流逝而获得文化意义的过去一些较为朴实的艺术品"，还强调称，"一座文物建筑不可以从它可见证的历史和它所产生的环境中分离开来"。吴良镛教授也认为："社会和建筑师实践中逐步认识到，实践中必须保护城市的文化遗产，保持城市特色：包括那些'没有建筑师的建筑''没有城市设计师的城市'等，其中精湛之作依然是人类建筑宝库中的奇葩。"[1]如法国巴黎就有750多个名人故居作为历史风貌的重要组成部分受到精心呵护。又如里昂历史城区有一片面积约35公顷的国家级保护区，其中部分建筑为国家公布的文物建筑，但是更多的是传统住宅和店铺，还有20世纪初的工人住宅，它们在建筑风格上协调一致，构成了城市的历史风貌。当地政府在确定保护的同时，对传统住宅进行整修，保存住宅的外观，内部

---

[1] 吴良镛：《国际建协〈北京宪章〉——建筑学的未来》，236页，北京，清华大学出版社，2002。

加建厨房和卫生间等，并维持原来的低租金，使原住居民可以继续居住。

（三）对历史街区保护的重视

20世纪60—80年代，一些国家开始了对于历史街区保护的学术研究及实践，国际组织也颁布了一系列宪章及建议，协调保护思想和保护原则，推广成熟的保护方法。特别是《关于历史地区的保护及其当代作用的建议》（内罗毕建议·1976年）和《保护历史城镇与城区宪章》（华盛顿宪章·1987年）的相继出台，在国际范围内确立了历史街区保护研究的学术地位，带动了这一学科的发展。其中，《华盛顿宪章》（1987年）总结了各国的做法与经验，归纳了共同性的问题，明确了历史地段应该保护的内容：一是地段和街道的格局和空间形式；二是建筑物和绿化、旷地的空间关系；三是历史性建筑的内外面貌，包括体量、形式、建筑风格、材料、色彩、建筑装饰等；四是地段与周围环境的关系，包括与自然和人工环境的关系；五是该地段历史上的功能和作用。关于保护的原则和方法强调了以下几个方面：一是保护工作必须是城镇经济社会发展政策和各层次计划的组成部分；二是要鼓励居民参与；三是要制定专门的保护规划，确定保护对象，并要用法律、行政、经济等多种手段保证规划的实施；四是要精心建设和改善地段内的基础设施，改善居民住房条件，适应现代化生活的需要；五是要控制汽车交通，在城市规划中拓宽汽车干道时，不得穿越历史地段；六是要有计划地建设停车场，并注意不得破坏历史建筑和它的环境；七是在历史地段安排新建筑的功能要符合传统的特色，不否定建造现代建筑，但新的建筑在布局、体量、尺度、色彩等方面要与传统特色相协调。至此，国际上保护历史地段的概念基本确定，它所确立的基本原则和有关理念，至今仍是国际公认的历史街区保护的准则。

法国于1962年颁布《马尔罗法》，是较早立法保护历史街区的国家。该法将有价值的历史街区划定为"历史保护区"，制定保护和继续使用的规划，纳入城市规划的严格管理。保护区内的建筑物不得拆除，维修要经过"国家建筑师"的指导，并可以得到国家的资助。由于保护的对象往往是一片人们正在生活其间的历史街区，所以保护的政策和文物的保护有很大区别。英国于1967年颁布《城市文明法》，规定要保护有特殊建筑艺术价值和历史特征的地区，主要考虑的是其"群体价值"，包括户外空间、街道形式以及古树等。该法的名称直译是"有关市民舒适、愉悦的法律"。他们把保护历史环境作为使市民精神愉快的主要条件。法令规定保护区内的建筑不得拆除，新建、改建要有详细方案报批。法令还规定不鼓励在这类地区搞改造性开发。英国的保护区很多，伦敦的威斯敏斯特区就有保护区51个，占该区面积的70%。爱丁堡市有保护区18个，占历史城区面积的90%。

日本在历史街区保护方面起步稍晚，1975年修改《文化财保护法》时，建立了"传统的建筑物群保存地区"制度。规定"传统建筑集中，与周围环境一体形成历史风貌的地区"应定为"传统的建筑物群保存地区"。区内一切新建、扩建、改建及改变地形地貌、砍伐树木等活动都要经过批准。城市规划部门要做好保护规划，列出需要保护的物质要素详细清单，包括传统建筑和构成历史风貌的街巷、路面、石灯笼、小桥、院墙等所有要素。制订保护整修的计划，改善基础设施，治理环境污染，做好消防安全、交通停车、旅游、展示等方面工作。法令还规定了资金补助，由中央政府和地方政府各出一半，用于补助传统建筑外部整修的费用。此项资金总数不多，提倡逐步整治。如京都产宁坂保护区，每年修缮6～8户传统建筑，全部轮流修缮一遍大约20年，届时最早修缮的传统建筑又进入修缮期。如此周而复始地修缮下去，在这不间断的修缮过程中，历史街区的传统景观和建筑文化得以延续。这一制度的建立，使日本在20世纪70年代末至80年代初掀起了历史街区保护的社区运动和研究高潮。

通过以上归纳，我们可以了解到在历史城区保护方面，国际社会深刻反思大规模改造所造成的严重后果，转而提倡小规模、渐进式、居民参与的整治方式；提倡在保护好文物建筑的同时注重保护传统民居建筑及其环境；提倡将历史街区纳入文化遗产保护范畴实施整体保护。面对上述国际社会关于历史街区保护的先进理念和我国不少历史街区已经遭到较大破坏的实际状况，有必要在深入剖析大规模危旧房改造的弊端及其危害的前提下，深入思考历史街区整体保护之策，探讨保护与更新的科学途径。

三、"有机更新"理论的实践与探索

20世纪70年代末期，吴良镛教授在领导北京什刹海规划的研究时明确提出了"有机更新"的思路，主张对原有居住建筑的处理根据房屋现状区别对待。即：质量较好、具有文物价值的予以保留；房屋部分完好的予以修缮；已破败的予以更新。上述各类比例根据对规划地区进行调查的实际结果确定。同时强调历史街区内的道路保留传统街坊体系。在1987年开始的北京菊儿胡同住宅工程中"有机更新"的思路得到进一步实践，并取得了国内外的广泛关注和高度评价。吴良镛教授在归纳这一实践成果时指出：

"所谓'有机更新'即采用适当规模、合适尺度，依据改造的内容与要求，妥善处理目前与将来的关系——不断提高规划设计质量，使每一片的发展达到相对的完整性，这样集无数相对完整性之和，即能促进北京旧城的整体环境得到改善，达到有机更新的目的。"①随后"有机更新"理论在苏州、济南等历史城区保护中进行应用，做出一些有益的拓展②。在上述研究与实践的基础上，吴良镛先生进一步提出了"人居环境科学"理论体系，"人居环境科学是一门以人类聚居为研究对象，着重探讨人与环境之间的相互关系的科学。它强调把人类聚居作为一个整体，而不像城市规划学、地理学、社会学那样，只涉及人类聚居的某一部分或是某个侧面"③。人居环境科学理论体系中的一些研究成果进一步完善了"有机更新"理论。

"有机更新"理论丰富了历史城区保护与更新的理论成果，其核心思想是主张按照历史城区内在的发展规律，顺应城市肌理，按照"循序渐进"原则，通过"有机更新"达到"有机秩序"，这是历史城区整体保护与人居环境建设的科学途径。这里所说的"更新"是指在保护历史城区整体环境和文化遗存的前提下，为了满足当地居民生活需要而进行的必要的调整与变化。这

---

① 吴良镛：《北京旧城与菊儿胡同》，68 页，北京，中国建筑工业出版社，1994。
② 方可根据"有机更新"理论及其实践，归纳认为："'有机更新'从概念上来说，至少包括以下三层含义。（1）城市整体的有机性：作为供千百万人生活和工作的载体，城市从总体到细部都应当是一个有机整体（Organic Wholeness），城市的各个部分之间应像生物体的各个组织一样，彼此相互关联，同时和谐共处，形成整体的秩序和活力。（2）细胞和组织更新的有机性：同生物体的新陈代谢一样，构成城市本身组织的城市细胞（如供居民居住的四合院）和城市组织（街区）也要不断地更新，这是必要的，也是不可避免的。但新的城市细胞仍应当顺应原有城市肌理。（3）更新过程的有机性：'生物体的新陈代谢（是以细胞为单位进行的一种逐渐的、连续的、自然的变化），遵从其内在的秩序和规律，城市的更新亦当如此'。"（方可：《当代北京旧城更新：调查·研究·探索》，195～196 页，北京，中国建筑工业出版社，2000 年。）
③ 吴良镛：《人居环境科学导论》，2 页，北京，中国建筑工业出版社，2001。

里所说的"秩序"是指建立起既有利于保护历史城区的传统特色，又有利于维护原有社区结构的住宅产权制度和依靠社会资金，以自助力量为主进行日常维修和小规模整治的机制。吴良镛教授认为：旧城整治应避免"运动式"的更新。"运动式"的更新指一次投入，按照"一次到位"的标准进行"推平头式"大规模改造，即通常所称"大拆大改"方式，这是不符合旧城保护"有机更新"的原则的①。"有机更新"理论不仅积极探索新的城市设计理念，而且也在努力追求将可持续发展战略具体运用到历史城区保护与更新的实践之中。因此，应在历史城区的保护中贯彻"有机更新"的理念，转变现有的大规模危旧房改造模式，采取有效措施立即停止在历史城区内的大规模拆除"改造"，抢救已留存不多的历史街区和传统建筑。

北京白塔寺及周边地区

---

① 李兆汝：《专家叫停"运动式"旧城整治》，载《中国建设报》，2004-12-10。

按照"有机更新"理论，1996年清华大学编制完成了《北京国子监历史文化保护区的保护与整治规划》，北京市文物部门和当地政府共同开展了国子监历史街区的保护与整治。该项保护规划从调查入手，通过对人口、居民的生活和居住结构、用地、房屋质量、基础设施的详细普查，明确了该历史街区的特性，取消了历史街区内的规划城市道路，保持传统街巷尺度。并确立了"不搞大拆大建，逐渐恢复传统风貌特色，形成以简朴民居为主，衬托两组古建筑群的幽静环境和独特风貌"，"力求在原有基础上，以整治和逐步恢复传统风貌为主，保留历代建筑的叠加，使历史街区'延年益寿'，而不是'返老还童'"[①]。实践证明，对于历史街区来说，这是一条积极稳妥的保护之路。北京市规划部门会同文物部门于2000年下半年开展了"北京旧城25片历史文化保护区保护规划"，2002年2月经市政府批准实施。这一规划由中国城市规划设计研究院、清华大学等12家设计单位分别承担。"保护规划提出了五项原则：第一要根据其性质与特点，保护历史街区的整体风貌。第二要保护街区的历史真实性，保存历史遗存和原貌。历史遗存包括文物建筑、传统四合院和其他有价值的历史建筑及建筑构件。第三其建设要采取'微循环式'的改造模式，循序渐进、逐步改善。第四要积极改善环境质量及基础设施条件，提高居民生活质量。第五保护工作要积极鼓励公众参与"[②]。上述原则在规划编制中得到了贯彻。2003年，清华大学为北京市西城区烟袋斜街编制了修建性详细规划。详细规划中维

---

① 单霁翔：《国子监街的整治与历史地段的保护》，载《建筑师》，1996（8）。
② 北京市规划委员会：《北京旧城二十五片历史文化保护区保护规划》，10页，北京，北京燕山出版社，2002。

持该地区原有的街巷—院落体系。同时，为了引导历史街区的整体风貌，帮助沿街商店进行了设计。首先拆除了街区内的违章建筑，改建了自来水、雨污水管道，新铺设了天然气管道。烟袋斜街自从整治后，沿街各个店铺自行整修了房屋和门脸，店铺结构也有所变化，提高了档次和品位。人气旺了，房价提高了，店铺的经济效益也好了，成为受到当地居民欢迎的"富民"工程，也成为运用"有机更新"理论实施历史街区保护的成功范例。从上述对"有机更新"理论的探讨可以归纳出以下体会。

（一）以院落为基本单位是实现"有机更新"的关键措施

传统民居院落体系构成邻里居住形态，成为社区文化的载体，社区的空间形态也随着传统民居院落体系的变迁而发生演变。一座座传统民居院落相依形成一条条历史街巷，一条条历史街巷相连又构成一片片历史街区，从而形成既秩序井然又气象万千的历史城区风貌。传统民居院落具有强盛的生命力，经过历史的长期演变，成为最适合当地自然和人文环境以及家庭特点的居住形式。传统民居院落体系，既合理安排了每户居民的室内空间，保障居民日常生活中通风、采光、日照以及舒适性、安全性、私密性等居住需要；又通过院落形成相对独立的邻里结构，提供居民日常的社交空间，创造和睦相处的居住氛围，体现出人与自然和谐相处的先进哲学思想。传统民居院落里，老人们可以在恬静的环境中安享天伦之乐；儿童们可以在安全的空间中自由自在戏耍；作家、画家、音乐家、收藏家以及各行各业的人们都可以在此感受到居住环境的优越。瑞典前驻华大使傅瑞东曾这样赞美道："四合院住着温馨，构思别致，美观耐看。布局也好，用料也好，都是人们历经数百年摸索总结出来的，极尽上乘建筑之风范。

四合院可说是中国对世界文化所做的独特贡献,华人引以为自豪,洋人叹为观止而流连。"[1]但是长期以来,历史城区中的传统民居院落却遭遇了极不公正的待遇。人们违背科学规律,强加给它们难以承受的负荷,特别是由少数家庭居住的"独门独院"逐渐演变为多数家庭共同使用的"大杂院"和随之而来的长年失修失养。

当今社会小家庭主流模式和现代化生活方式都对传统民居院落提出新的要求,即在保护传统风貌的前提下,既要适应住宅小型化的需要,又要满足现代化的功能。针对我国历史城区以传统民居院落为细胞,整合而成历史街区的特征,只有将保护与更新的对象"微型化",也就是使新旧传统民居院落更替的过程"微型化",才能有效保护历史街区的院落布局和街巷肌理。由于"有机更新"强调小规模的连续的渐变,采用适当的规模和合适的尺度,因此能够使居民感到亲切自然。《华盛顿宪章》指出:"当需要修建新建筑物或对现有建筑物改建时,应该尊重现有的空间布局,特别是在规模和地段大小方面。"为此,历史街区保护规划提出一种新的理念——"微循环式"保护与更新,即要适应以院落为基本单位进行保护与更新,危房改造不得破坏原有院落布局和街巷肌理。这意味着今后历史街区内的危房改造项目用地一般仅是一个院落或几组院落,其建筑面积一般仅为数百平方米或上千平方米。这就需要深化和细化历史街区规划,其中近期详细规划尤为重要,应做到修建性详细规划的深度。

采取以院落为基本单位,"微循环式"保护与更新,将有效遏制采取大规模危旧房改造方式对历史街区的破坏。"微循环

---

[1] 傅瑞东:《留恋老北京》,载《人民日报》,2002-04-02。

式"保护与更新，就是承认历史城区是一个有机整体，需要不断地新陈代谢和有机更新，关键在于更新的尺度不能大，需要量力而行。保护与更新是对立统一、相辅相成的，对于大量未列入文物建筑的传统民居院落而言，一些院落虽然在历史街区保护规划中被确定为保护对象，但是随着时间的推移终会因破损而需要更新。另一些院落虽然被确定为更新对象，但是如果更新建筑符合历史街区传统肌理并精心建造，今后也会因具有较高价值而转化为保护对象。这是一个周而复始的动态循环过程，长期加以坚持，历史街区的整体风貌就会在这一过程中得到持续保护。总之，以院落为单位的"微循环式"保护与更新，不求一律，不求同时，不求全部，根据居民生活实际需要和历史街区保护规划而定。如果能够做到在不断保护与更新的过程中建筑主体始终是平缓朴实的传统民居院落；居民主体始终是和睦相处的老邻居们；生活环境始终是自然和谐的传统风貌，才可以说"微循环式"保护与更新是成功的。

（二）界定"危房"与"旧房"是实现"有机更新"的必要前提

对于历史街区"有机更新"来说，应当区分不同质量的房屋，采用不同的更新方式，尽量减少对历史街区现有社会经济生活的影响。其中区分"危房"与"旧房"至关重要，它的意义在于两者各属于不同情况，应采取不同的保护与更新对策。前者首先要保证居住安全，后者主要体现历史文化风貌。我国历史城区中的传统建筑是基于社会与经济原因，尤其是长年失修失养造成当前的"衰败"景象，完全不同于西方城市中心区的那些既没有悠久历史，又不曾有良好质量的贫民窟建筑的衰败。在传统民居院落中，无论是"危房"还是"旧房"往往都是历史建筑，其差异只是房屋质量问题。解决危房的居住安全问题尤为必要，但不能以牺牲历史文化信息为代价。只有在"微循环式"保护与更新的前提下，既通过积极修缮达到"解危"的目的，又保证历史街区的传统风貌得以延续，从而彻底摒弃多年来一谈到"危旧房改造"就想到"大拆大建"的思维定式，坚决纠正为解决一部分"危房"问题就将成片"旧房"一并拆除的做法。

在历史街区中，除列入文物保护单位的保护建筑以外，传统民居建筑量大面广，是传统建筑的主体，但是各类建筑因存续状况不同，而保护方式有所不同，应严格加以区分。如"北京旧城25片历史文化保护区保护规划"结合历史街区空间形态的特征，以院落为单位进行现状资料调查和规划编制。"院落单位"以现状的门牌编号及其范围为基本依据，综合考虑院落的产权所属、历史沿革、自然边界、完整程度等因素，将25片历史文化保护区共划分成15178个院落单位，其中现状保存较完好的院落有5456个，占36%。根据居住院落的人口密度共划分为五级；根据建筑结构的损坏程度，将现状建筑质量分为三类；根据现状院落的历史文化背景、建筑空间布局与形态、建筑形式，将其传统风貌和历史文化价值分为五类。在上述分析研究的基础上，保护规划综合考虑对现状建筑的历史文化评价和建筑质量评价，对保护区内的所有建筑进行分类[1]，不同类别的建筑采取不同的保护更新手段。

历史街区内建筑数量较多的往往是更新类建筑，更新类建筑

---

[1] "北京旧城25片历史文化保护区保护规划"将保护区内建筑分别确定为文物类建筑（占7%）、保护类建筑（占9.3%）、改善类建筑（占23.8%）、保留类建筑（占7.3%）、更新类建筑（占49.2%）和沿街整饰类建筑（占3.4%）等。

既包括因多年失修失养而成为危房的大量传统建筑，也包括历年在历史街区内插建的与传统风貌不相协调的现代建筑。对于历史街区内的各类建筑，应分别提出进行修缮与保养、整修与改善、更新与改造的原则，以便采取不同措施分类指导。如对于各类文物保护单位必须依照"不改变文物原状"的原则，进行修缮与保养；对于大量保护建筑应加强日常维修，维护其保存状况；对于相当数量的一般传统建筑，应予以保留并逐步加以整修与改善；对于一些与历史风貌不相协调的建筑则应采取整饰立面外观、改善建筑造型、降低建筑高度等措施逐步加以改造与更新；对于那些对历史风貌产生严重影响的建筑应创造条件予以拆除，特别是对于一些单位近一二十年来在历史街区内新建的多、高层建筑，亦应创造条件予以拆除。更新方案必须精心设计，使更新改造后的建筑与历史街区内的传统建筑在规模、尺度、形式、色彩等方面保持协调一致。通过以上分析，在历史街区内实施拆除的应该只是那些对历史风貌产生严重负面影响的建筑物，实施更新的应该只是真正属于"危房"的建筑物，保留与否不能仅以"危"与"不危"而分，更不应以"新"与"旧"而论，只能根据传统建筑的保护价值来决定取舍，从而制止在历史街区内的大拆大建。

（三）建立长期修缮机制是实现"有机更新"的基本保障

今天普遍存在于传统民居院落的危破状况始终成为大规模危旧房改造的理由。但是，过去大量传统民居院落为什么能够历经百年保持基本完好，其重要原因在于产权明晰。几十年来，住房产权政策的反复变化使各方权益和责任不清。其中占比例最大的公房由于租金低，不足以维持最低限度的维护，更谈不上居民住房条件的改善和历史街区风貌的保护。私房"标准租"户的租金也使房主无力承担维护的责任，同时还面临不知何时被拆迁的危险。上述情况加速了传统民居院落状况的恶化，因而解决产权问题并保障产权人的权益是解决问题的关键。实际上，在居民中蕴藏着改善住房条件的极大积极性，只有明确住房产权为他们所有，而且明确房屋所在的历史街区今后不再实施大拆大建，住户才能积极主动地考虑自有住房的修缮问题。在房屋产权与修缮的关系上，无论古代还是近代都有过经验和教训。历史资料表明"清朝入关后把北京东城、西城的房子都强行买下了，结果成了包袱，到乾隆时期改了政策，又把房子卖给私人了，使产权主不断地维修和发展"，"1949年5月21日，著名法学家钱瑞升在《人民日报》发表文章，题为《论如何解决北平人民的住的问题》，他对当时存在着的将私房充公的倾向表示忧虑，认为这将导致'无人愿意投资建造新房，或翻建旧房'的情况，一方面政府没

北京朱彝尊故居

有多余的财力去建房，一方面私人又裹足不前，不去建房，房屋势将日益减少，政府还背上繁重的负担"①。几十年来，我国各地历史街区中传统民居院落的实际情况及住宅政策的演变，证明了钱端升先生的预言。

城市的发展是连续的过程，同样，传统建筑的保护也需要持续不断地投入，必须有长期修缮的准备。《华盛顿宪章》指出："日常维护对有效地保护历史城镇和城区至关重要。"一次性投入虽然能够在短时间内解决某些问题，但是改造过后的效果往往单调，也就是人们常说的"房子新了，文化没了"，失去了历史建筑及其环境的原有独特性格，也就失去了文化的吸引力和竞争力。如北京的琉璃厂历史街区"返老还童"式的改造，就有过这类教训。无论是大到历史城区，还是小到历史街区，都不能仅仅依靠政府的力量，从根本上解决长期维修、保护的问题。如有人算过一笔账，"目前北京旧城区内有危房202万平方米，涉及居民7.1万户，如按23万元/户补助拆迁费计，就要100多亿元"②。这是长期积累下来的历史欠账，量大面广。相比之下，在政府财政和居民收入都有限的情况下，将政府与居民的积极性结合起来，建立"细水长流"的投资模式，既能解决房屋修缮的现实问题，又能妥善处理历史街区的长期保护，在"千城一面"的城市景观中，可以产生独具魅力的效果，是一种有效的解决方法。

目前执行的房屋质量评价体系缺乏对传统建筑的针对性，应结合历史街区和传统民居院落保护的特点予以调整，建立起充分考虑文化遗产保护与更新要求的传统建筑评价标准。为了有效解

① 王军：《民生与保护博弈》，载《瞭望新闻周刊》，2004（28）。
② 温禾：《房屋买卖推动四合院保护与发展》，载《中国建设报》，2006-02-17。

决这一问题，从1996年开始，苏州文物部门与东南大学合作开展"苏州市古建筑遗产评估体系"课题研究，2000年被列为国家文物局重点科研项目。这一研究成果已在苏州拙政园、平江等历史街区建筑评估中进行了较大面积应用。对每一处传统建筑，按照历史价值、科学价值、艺术价值、环境价值、使用价值等项目进行分析，并应用古建筑评估体系软件系统进行区别分类、形成分值，以确定每幢传统建筑的保护价值和更新方式，取得了较好的效果。历史街区的传统建筑修缮与更新需要处理好环境空间的尺度、风格、肌理等的变化。因此还应根据不同历史街区的风貌特色，抓住该历史街区内传统建筑的主要规律和特征，编制传统建筑基本要素的图则和标准图样，如针对传统民居的房屋、门楼、围墙等，提供若干种不同面宽、进深、高度及档次的形式，包括各个建筑立面、檐口、屋脊、山墙、门窗等工程做法，提供给自行修缮房屋的居民及工程设计、施工人员作为依据，以确保历史风貌不走样。

（四）社区居民广泛参与是实现"有机更新"的有力支撑

历史街区是居民生活的有机载体，"有机更新"的原动力来自居民生活。因此，应鼓励社区居民广泛参与历史街区"有机更新"规划的制定，以便充分调动社区居民的积极性，从居民的现实需求出发加以实施。目前历史街区内的人口密度普遍过高，尤其是危房比例大的地区更为突出，这是造成传统建筑难以修缮的重要原因，为此疏散人口是当前历史街区实施"微循环式"保护与更新的先决条件。关键是采取什么方式疏散人口和疏散哪些人口。不同社会阶层居民混合居住是历史街区的传统，也是保持社区活力的重要途径。西方国家对城市更新和"绅士化过程"的反思给我们以借鉴。

全部推倒重来的大规模改造和全部或大部分居民异地安置以及通过建设成片高档住宅来改变当地人口成分，并取得更多的经济效益，都会导致原有社区结构的变异和社区文化的灭失，进而产生诸多新的社会问题。随着改革的深入和社会的发展，公众对于政府角色的期望日益清晰，政府部门亦应适应这一趋势不断强化以人为本的工作思路。在原住居民的疏散问题上，只能在一定的政策导向下，满足不同情况居民的要求作正常流动，经过较长时期的努力，才能取得明显效果，不能勉强为之。

对于历史街区来说，稳妥的更新模式应该是适合当地具体社会经济状况的、充分听取公众特别是当地居民意见的、循序渐进的、注重差异化和分散化的更新模式，而不是主观和强制性的、一厢情愿的、过于刚性的、一刀切的集中拆迁改造模式，应给居民提供更多有针对性的、具有选择余地的更新方案。特别是在去留问题上给居民多种选择，对于自愿留在历史街区的居民提供包括就地购房、回迁租房、自行集资改造、对特困户进行妥善安置等便利；对于自愿迁出历史街区的居民采取提供资金补偿、提供异地住房、提供廉租房等多种方案。无论居民留在原地，还是选择迁出，都应该尊重他们的自主选择，并做好服务及环境改善工作。同时还应认识到，历史街区中有相当数量的原住居民在自愿的前提下，以自己特有的生活方式留居在原居住地内，有利于历史街区固有传统文化的传承。同时，当地居民对所居住环境的满意度和舒适度的评判是由多种因素综合决定的，既包括居住区位、居住环境、居住面积等，也包括交通便利、就业前景、邻里关系等多种因素，并且不同经济条件和生活习惯的人群对居住标准的要求也有所不同，所以在历史街区中保持适当密度的居住形态和多样化的居住标准是符合实际的。

探求"有机更新"的新途径，应根据历史街区保护规划和政策的要求，发动社会力量，以自助力量进行小规模整治与改造。它的优点在于：有利于城市的新陈代谢；保持城市的多样性；有利于住宅产权及住房制度的改革；促进城市的可持续发展；减轻政府的财政负担；通过产权与市场互动，实现社会财富的增值。为此，应根据不同历史街区内传统民居院落的具体情况，制定有关政策和多种实施模式，改革现有房屋管理的体制，研究吸引和发挥各种投资的软、硬件环境条件，修复房屋的产权与市场体系，培育"非营利"的保护更新实施主体，使历史街区在公平、公正的房屋产权流通中自然修复。可以鼓励产权人根据保护政策作小规模整治，而不是"加速进行"，一蹴而就。地方政府要对居民自行设计、修缮及利用房屋制定规范和标准，最大限度地满足居民的合理要求。建筑用途可以是商用、可以是民用，也可以是商住两用；可以是独资、可以是合资，也可以向银行贷款；可以自用、可以出租，也可以出售。总之，如果在政府和居民的共同努力下，建立起传统建筑长期修缮的机制，当前历史街区保护与更新中一些尖锐的矛盾就会得到解决。如2004年苏州市制定了《苏州市区依靠社会力量抢修保护直管公房古民居实施意见》，其中规定：允许和鼓励国内外组织和个人购买或租用直管公房古民居，实行产权多元化、抢修保护社会化。"这些办法的实施，都在积极鼓励社会力量的参与，使一批险情严重的古建筑得到了及时有效的抢救保护"[1]。

---

① 倪苏：《苏州：完整地保护"昨天的文明"》，载《中国文物报》，2005-08-03。

（五）完善市政基础设施是实现"有机更新"的基础条件

由于历史欠账和现实管理体制等问题综合交织，使世代居住在历史街区内的居民生活水平逐渐与整个社会人居环境的全面改善形成强烈的反差，生活质量明显低于城市其他地区的水平，特别是市政基础设施的落后已经严重制约了这些地区的现代化进程。前述的傅瑞东大使说："今日北京四合院大多已年久失修，连像样的暖气、下水都没有，几代同堂，住着确实不得劲。里面的人对四合院没啥感情，时刻盼着搬出来，这我完全理解。但这些房屋其实修一修就可用，大可不必一拆了之。如内部搞精装修，外部原封不动，这样不出几年，四合院肯定会成为最抢手的民居。"[①]随着社会的进步，在历史城区内生活、工作、消费的人们对市政基础设施的服务功能要求也同步提高。但是，目前市政基础设施规划设计的制定缺乏对历史城区特色的研究，缺乏针对历史街区的建设标准，无论是市政管线的选型，还是道路布局的选线，多年来仍然按照一般的城市建设标准进行规划设计和建设，缺乏与历史街区保护目标相协调的特殊政策。

对于历史街区内的市政基础设施改造，应根据保护规划和财力，逐年逐片安排实施计划，为传统民居院落提供将外部市政设施接入院内的条件。历史街区内的市政基础设施和综合管线规划应以不破坏传统风貌、改善保护区内的生活设施和防灾设施条件为目标。市政管线布置应有效利用规划保留的传统街巷系统。由于保护传统街巷的空间尺度，给市政基础设施的配套建设带来复杂的影响，敷设雨水、污水、自来水和电力、电信、电视电缆、

---

① 傅瑞东：《留恋老北京》，载《人民日报》，2002-04-02。

北京市东四街道胡同四合院整治修缮（2007年12月12日）

热力、天然气等各类市政设施往往出现管线布设空间狭小、管线净距离不能满足常规设置标准等问题，需要根据实际情况和现实条件采用新材料、新技术和综合手段进行处理。如通过增加材料强度或更换新型材料，采取隔离和防护等工程技术措施，满足安全运行及安装、检修的要求。又如地下管网以综合管沟与直埋方式相结合，能源以使用天然气和用电相结合等方式满足要求。大量实验证明，在历史街区内引入各类市政基础设施、在传统街巷内安排各类综合市政管线在技术上是可行的。

维护传统道路格局和尺度是对历史街区保护的有力支撑。在确定历史街区的保护范围后，应及时修改保护范围内长年执行的过宽的道路规划红线，从根本上保护历史街区的传统风貌。同时，历史街区由于地形地貌、街道空间与尺度和建筑布局等方面的特殊性，道路系统往往具有密度高、路幅窄的特点，其道路断面、宽度、纵坡的形制，以及转弯半径、建筑间距、消防通道的设置等往往满足不了有关规范，应按照保护历史城区的要求适当降低或放宽相关标准，并且通过其他方式进行补充完善。实践证明，采用分散的、小规模的、多样化的交通设施，更有利于历史街区传统风貌的保护和交通的便利。要充分利用历史城区内原有较为密集的街道系统组织单向机动车交通，并严格限制货运量和外部私人汽车进入历史街区。要审慎对待历史街区内可能产生高密度交通的改造项目，新增或新拓的道路将会吸引更多的机动车交通进入历史街区，使得道路无法满足交通增长。步行和自行车交通是目前历史街区出行比例最高的两种交通方式，也是适合于传统道路系统和街巷肌理的绿色交通方式，应优先保证和大力推行，改变目前交通发展过程中存在的重机动交通、轻步行和自行车交通的倾向，避免步行和自行车交通的空间不断受到挤压、交通安全不断受到侵害。

（六）改善人居环境是实现"有机更新"的根本目的

历史街区既是历史城区的有机组成部分，又是特殊类型的文化遗产，还是广大居民日常生活的场所，因此历史街区的保护必然是一个动态的过程，不可能冻结在某一时段。英国建筑学家G.迪克斯（G.Dicks）认为，"一个充满活力的街区总是既有新建筑又有旧建筑，而如果全部是某一个时期的建筑，只能说这个街区已经停止了生命。"[1]吴良镛教授也强调"要树立任何改建并不是最后的完成（也从没有最后的完成），它是处于持续的更新之中"[2]的观念。城市现代化是历史前进的方向，历史街区也应当在保护整体风貌、历史载体和文化内涵的基础上走向现代化。历史街区保护的成果应惠及全体居民，通过加强传统建筑维修，完善生活基础设施，改善社区环境等措施，提高居民生活质量，增强历史街区的吸引力。《内罗毕建议》（1976年）指出："历史地区及其环境应被视为不可替代的世界遗产的组成部分。其所在国政府和公

---

① 方可：《当代北京旧城更新：调查·研究·探索》，106页，北京，中国建筑工业出版社，2000。
② 吴良镛：《北京旧城与菊儿胡同》，68页，北京，中国建筑工业出版社，1994。

民应把保护该遗产并使之与我们时代的社会生活融为一体作为自己的义务。"目前，列入联合国教科文组织世界文化遗产名录的项目有半数以上属于历史城区或历史街区，它们往往既保有完整的历史风貌，又具有现代化的生活基础设施，成为令人向往的圣地。

历史街区的保护与更新要坚持以人为本。在历史街区居住着比例较大的低收入和特困群体，在保护与更新的过程中应当对他们提供更多的扶助。联合国《温哥华人类住区宣言》（1976年）指出："拥有合适的住房及服务设施是一项基本人权，通过指导性的自助方案和社区行动为社会最下层的人提供直接帮助，使人人有屋可居，是政府的一项义务。"政府承担对低收入和特困群体的救助责任是被大多数发达国家所认可的惯例，包括从税收收益中拿出一部分对于低收入和特困群体的住房进行补偿，或由政府为他们建设廉租房。在加强保护的前提下，通过"有机更新"的方式逐步改造危房和市政基础设施，消除安全隐患，提高生活质量。对居住环境的设计，"宜居"应作为基本原则，无论传统民居院落的保护与更新、交通体系的规划与建设等都应以人的尺度、人的需求为原则。"以人为本"全面协调可持续的发展观，不仅促进经济社会的全面发展，还应成为历史街区规划设计的基本指导原则。

《华盛顿宪章》指出："与周围环境和谐的现代因素的引入不应受到打击，因为，这些特征能为这一地区增添光彩。"对于历史街区内的传统建筑一般应当在保持外貌的前提下，改造内部，改善居住条件，满足现代生活的需要。"有机更新"的任务"应当努力促进多种效益的取得"[1]。目前各城市中心区的土地

---

① 吴良镛：《北京旧城与菊儿胡同》，225页，北京，中国建筑工业出版社，1994。

仍然处于升值过程，由于区位因素的影响，很多传统建筑开始具有较高的价位，经过修缮之后，可以多元化地演绎出各式新的功能，如作为民间旅馆、风味餐厅、特色茶馆、民俗展览等对外开放。历史街区内部的传统建筑也可以用作小型幼儿园、福利院、小型会所等设施。美国华盛顿有一句社区居民口号："老房子是一笔巨大的财富。"①舒乙先生曾评价道："成片成片绿荫覆盖的四合院衬托着气势恢宏的城市中轴线，才构成真正意义的北京，如能建立合理机制整治四合院，那些缺胳膊短腿、残破不堪、姥姥不疼舅舅不爱的四合院也许一下子就变成了最漂亮、最舒适、最昂贵、最抢手的宝贵。"②据《北京日报》报道："2006年，房地产市场中的四合院交易悄然走热。其中南城四合院的成交单价已上涨2000多元。"③传统民居院落作为越来越稀缺的不可再生的资源，未来必然还有较大升值空间。

新年伊始，传来好消息。《中国文物报》以《福州市'三坊七巷'历史街区保护出现转机》为题，报道了福州加大对位于历史城区核心地带的"三坊七巷"保护力度，通过一年多的努力，"最近，福州市政府终止了与港商'三坊七巷'保护改造项目的合同，将'三坊七巷'纳入历史街区保护的范畴之中"④。"修缮后的'三坊七巷'将保留旧坊故里人文荟萃、温馨宅院、名人故居汇聚的典型古街坊风貌"⑤。备受瞩目的历史街区迎来了新的保护机遇。

---

① 吴良镛：《城市规划设计论文集》，北京，北京燕山出版社，1988。
② 小宝：《皇城老屋颜如玉》，载《新世纪》，2003（10）。
③ 张牧涵：《南城四合院交易单价涨了2000元》，载《北京日报》，2006-02-06。
④ 程平：《福州市"三坊七巷"历史街区保护出现转机》，载《中国文物报》，2006-02-08。
⑤ 李书烜：《福州三坊七巷名城保护任重道远》，载《中国建设报》，2006-01-16。

在三坊七巷历史文化街区保护规划评审会上的讲话

（2006 年 12 月 29 日）

今天，三坊七巷历史文化街区保护规划编制单位为我们提供了一个很好的规划文本，各位专家针对保护规划也发表了很好的意见，看了听了以后很受启发。我也代表国家文物局对清华大学规划设计研究院等规划编制单位的辛勤工作表示衷心的感谢，对各位专家既对这一规划成果给予高度评价，又对保护规划的进一步完善提出中肯的意见，所付出的辛勤工作表示衷心的感谢。更要对福州市政府高度重视三坊七巷历史文化街区和文化遗产保护所做出的努力表示衷心的感谢。

进入21世纪，文化遗产保护领域对传统保护对象的概念认识呈现出新的发展趋势，文化遗产保护认识的不断深化，又推动着"城市遗产"保护工作的实践，呈现出令人欣喜的发展轨迹。

两年前，我们实地考察过三坊七巷的保护状况，所看到的是这里和国内其他城市的历史街区一样，存在着一些共性问题。一是人口拥挤，住房困难。由于房屋密度过大，造成采光不足、通风不畅，院落低洼积水现象普遍。从而丧失了往日的生活气息和活力，对历史街区保护产生了十分不利的影响。二是传统建筑年久失修，严重老化。三坊七巷历史街区内的传统建筑中，相当一部分是清代和民国时期的遗存，由于长年缺少正常维护，房屋老化破损，进行修缮已经刻不容缓。三是生活基础设施落后。历史街巷经历百年风雨，原有生活基础设施已经远远不能满足时代发展的要求。

造成以上问题既有历史原因，也有现实因素。一是20世纪50年代以来，由于全国各大城市均采取"以旧城为中心发展"的模式，对历史街区内的传统建筑则贯彻"充分利用"的方针。这些传统建筑量大面广，修缮负担逐年加重，维护投入明显不足，年久失修问题逐渐呈现。二是20世纪80年代以来，城市人口急剧增长，住房需求不断加大，人口繁衍、户数增加，私搭乱建情况普遍，居民生活居住条件越来越差。三是进入20世纪90年代，各地开始实施大规模"危旧房改造"，房地产开发商积极介入，采取成片推倒重建方式，大量经过修缮仍然可以利用的传统建筑被拆除，在历史文化街区内建设起了严重破坏环境风貌的楼房建筑。

福州三坊七巷中国历史文化名街揭牌仪式（2009年7月18日）

三坊七巷的经历就充分说明，以大规模危旧房改造的思路，在历史文化街区内实施"危""旧"不分的大拆大建，不但在经济上是严重的浪费，在文化上也是一场灾难。同时更为严重的是，危旧房改造的思路造成历史街区内的居民，失去修缮住房的积极性和改善居住环境的信心，只能年复一年被动地等待拆迁改造，使上述问题更为加剧。

在历史文化街区保护方面，国际社会早已深刻反思大规模改造所造成的严重后果，转而提倡小规模、渐进式、居民参与的整治方式；提倡在保护好文物建筑的同时注重保护传统民居建筑及其环境；提倡将历史街区纳入文化遗产保护范畴实施整体保护。面对上述国际社会关于历史街区保护不断进步的理念和我国不少历史街区已经遭到较大破坏的实际状况，有必要在深入剖析大规模危旧房改造的弊端及其危害的同时，深入思考历史文化街区整体保护之策，探讨保护与更新的科学途径。所以我们非常希望通过三坊七巷历史文化街区保护更新工作实践，为全国提供经验和试点成果。

三坊七巷历史文化街区，是全国保存至今最为完整的、遗产价值最为突出的历史文化街区之一。由于近十几年来三坊七巷遭遇的坎坷历程，因此保护实践在全国历史文化街区保护领域更为引人注目。实际上，三坊七巷历史文化街区的保护有着民众共识和社会基础。2003年3月，福建省政协文史资料委员会向社区发出了《福州三坊七巷和朱紫坊保护调查问卷》征求民众意见，"问卷发出后，100%的回执都否定了'旧房拆除，有文物价值的迁到其他地方重建'和'完全让房地产开发商去改造'这两种观点"。

20世纪70年代末期，吴良镛教授在领导北京什刹海规划的研究时就明确提出了"有机更新"的思路，主张对原有居住建筑的处理，根据房屋现状区别对待。即质量较好、具有文物价值的予以保留；房屋部分完好的予以修缮；已破败的予以更新。上述各类比例根据对规划地区进行调查的实际结果确定。同时强调历史街区内的道路保留传统街坊体系。"有机更新"理论丰富了历史城区保护与更新的理论成果，其核心思想是主张按照历史城区内在的发展规律，顺应城市肌理，按照"循序渐进"原则，通过"有机更新"达到"有机秩序"，这是历史城区整体保护与人居环境建设的科学途径。

吴良镛教授这里所说的"更新"，是指在保护历史街区整体环境和文化遗存的前提下，为了满足当地居民生活需要而进行的必要的调整与变化。这里所说的"秩序"是指建立起有利于保护历史街区的传统特色，有利于维护原有社区结构的住宅产权制度和依靠社会资金，以自助力量为主进行日常维修和小规模整治的机制。在历史街区内应避免"运动式"的更新。"运动式"的更新指一次投入，按照"一次到位"的标准进行"推平头式"大规模改造，即通常所称"大拆大改"方式，"大拆大改"不符合历史街区保护"有机更新"的原则。"有机更新"理论努力探索将可持续发展理念具体运用到历史街区保护与更新的实践之中。

三坊七巷有着悠久的历史，今天这里仍然居住着当地民众，因此三坊七巷历史街区不应该也不可能作为"古董""古物"来进行保护和让人观赏，应该把三坊七巷作为一个生命体来加以呵护，尊重它的情感和追求。我们要力求在原有基础上，以整治和逐步恢复传统风貌为主，保留历代建筑的文化叠加，使三坊七巷历史街区"延年益寿",而不是"返老还童"。

实践证明,对于历史文化街区来说,"有机更新"是一条积极稳妥的保护之路。2003年,清华大学为北京市西城区烟袋斜街编制了修建性详细规划。详细规划中维持该地区原有的街巷——院落体系。同时,为了引导历史街区的整体风貌,帮助沿街商店进行了设计。首先拆除了历史街区内的违章建筑,改建了自来水、雨污水管道,新铺设了天然气管道。烟袋斜街自从环境整治后,沿街各个店铺自行整修了房屋和门脸,店铺结构也有所变化,提高了文化品位。人气旺了,店铺的经营效益也好了。因此,烟袋斜街保护整治工程成为受到当地居民欢迎的"富民"工程,也成为运用"有机更新"理论实施历史街区保护的成功范例。

福建福州市三坊七巷历史街区文物保护规划评审会(2006年12月28日)

从上述对"有机更新"理论的探讨，针对三坊七巷历史街区保护实际，可以归纳出以下体会。

要保护三坊七巷历史街区的真实性和完整性。首先，以院落为基本单位是实现保护历史街区真实性和完整性的关键措施，即不是采取一条街、一条街的改造整治方式，而是实施镶嵌式的有机更新，哪个院落需要实施保护整治，并具备实施的条件，就着手研究和实施哪个院落，同时鼓励千家万户为改善生活实施"岁修"和"零修"传统建筑，经过努力逐步恢复历史环境风貌。其次，界定不同性质院落是实现保护历史街区真实性和完整性的必要前提，即不是采取"危""旧"不分的改造整治方式，而是针对每一组传统建筑，分析历史沿革、界定遗产价值、监测房屋质量、理顺产权关系、评估景观贡献，以决定保护修缮与有机更新的轻重缓急。三是，建立长期修缮机制是实现保护历史街区真实性和完整性的基本保障，即在实施历史街区保护整治过程中，由各级政府和文物部门及时将符合标准的历史院落和传统建筑列入相应级别的保护单位，并鼓励居民成为房屋修缮的主体，研究制定社区内单位和居民自行修缮传统建筑的补助方式和标准。四是社区居民广泛参与是实现保护历史街区真实性和完整性的基本保障，即不是把保护成果仅仅定位于营造景观、促进旅游等目标，而是要使历史文化街的保护成果惠及城市居民，特别是惠及当地居民，要让保护的成果惠及城市经济社会的发展。

在三坊七巷历史街区水榭戏台修复工程开工典礼上的讲话

（2006 年 12 月 30 日）

三坊七巷建筑群，承载了福州城市发展丰厚的历史文化积淀，是全国留存至今最完整的历史文化街区之一，被誉为"明清建筑博物馆"和"城市里坊制的活化石"。社会各界十分重视三坊七巷历史街区的保护，福建省、福州市成立专门机构，拟投资30亿元整治三坊七巷历史环境和保护修复传统建筑群。为了做好三坊七巷的保护，多次邀请全国著名文物保护、城市规划专家进行规划、论证，并依法按程序履行报批手续。国家文物局非常关注三坊七巷保护修复工程，报请国务院于今年5月将三坊七巷和朱紫坊建筑群公布为全国重点文物保护单位，组织专家参与三坊七巷保护修复工程的指导、论证，并决定对三坊七巷保护修复工程在资金、技术等方面予以大力支持。

今天，启动修复水榭戏台，表明三坊七巷保护修复工程已进入实质性的修缮阶段。水榭戏台是三坊七巷建筑群的重要代表，修复工程要精心组织施工，按照传统工艺、传统做法进行修缮，技术上多征询专家意见，力求将水榭戏台修复工程成为一个样板工程。三坊七巷保护修复工程要采取渐进式、微循环、小规模、不间断的实施方式，进一步提高三坊七巷历史文化街区保护与管理水平，争取达到世界文化遗产的要求。希望通过今天的实践，摸索出历史文化街区保护修复的可行机制，在全国树立起历史文化街区保护方面的典范。

城市文化遗产保护与文化城市建设①

（2007 年 5 月 5 日）

在历史与现代、继承与发展的交叉路口，文化遗产是个充满魅力而又令人感到沉重的话题。如何在进行现代化建设的同时传承文化遗产，如何既对得起子孙又无愧于祖先，值得每一个城市和她的人民进行思考和探索。文化遗产既是昨天的辉煌、今天的财富，也是明天的希望。因此，面对文化遗产保护中存在的种种问题和挑战，必须以文化战略的眼光进行审视，从全局的、宏观的、战略的和发展的角度来加以思考和分析。

一、保护文化遗产的时代意义

文化遗产积淀和凝聚着深厚丰富的文化内涵，成为反映人类过去生存状态、人类的创造力以及人与环境关系的有力物证，成为城市文明的纪念碑。无法复制的特征又使它们具有不可再生的唯一性特征，同时也赋予它们一种难得的文化价值，这种文化价值可以转化为宝贵的文化资源，对现代城市精神生活产生多方面的积极影响。文化遗产的这种双重性质向我们提出了严肃的课题：它们的不可再生性要求我们必须进行妥善而有效的保护；它

---

① 此文发表于《新华文摘》，2007 年第 9 期，第 108 页，2007 年 5 月 5 日出版。

们的文化价值又要求我们积极而合理地加以利用，为现实的生存和发展服务。实践已经证明并将继续证明，对于文化遗产来说，继承是最好的保护，发展是最深刻的弘扬。

（一）文化遗产见证城市生命历程

我国是世界文明古国，中华文明源远流长，在漫漫历史长河中，留下了浩瀚如海且弥足珍贵的文化遗产，其蕴藏之丰富、品种之繁多、门类之齐全，为世界所仅有。这些文化遗产遍布全国各地，它们见证着中华民族自强不息、百折不挠的伟大发展历程，蕴含着中华民族特有的精神价值、思维方式和意识形态，体现着中华民族旺盛的生命力和不竭的创造力，凝聚着中华民族的杰出智慧，是中华民族的魂之所系、根之所在，是连接民族情感的牢固纽带。文化遗产既属于一个国家、一个民族，也是全人类的共同财富。文化遗产作为民族凝聚力的根本要素，对国家社会生活的各个方面，有着巨大的作用力和影响力。

我国众多历史性城市的文化遗产资源极为丰富，既蕴含了城市文化的深厚底蕴，也体现了城市对中华文明所做出的贡献。世界上没有无源之水、无本之木，任何一座城市都有自己的生命历程，文化遗产体现着城市独特的思维方式和文化价值，是城市生命历程的根基。城市发展和演变的过程，点点滴滴地都记录在每一座城市的记忆中，每一处名人故居、官府宅第、寺庙宫观、亭台楼阁、雕塑石刻、造像壁画和墓、碑、塔、坊、井、桥等文化遗存以及其背后大量的史实和文献，都承载着丰富的历史、社会和文化信息。更重要的是，在城市中保留下来的传统文化使这种记忆变得更为真实，通过城市风貌、民族风情、市民习俗等，我们可以实实在在地感受到历史的积淀。因此，一座历史性城市的文化遗产保护要远比一组古代建筑群或一处古代文化遗址的保护复杂得多，同时对我们现实生活的影响也更加明显。例如成都的历史文化价值在于作为先秦古城、天府之都，历时两千多年不易其址，不更其名。以蜀文化为主体的地域文化传统独具特色，渗透到市民日常生活的各个方面，构成成都城市文化的重要内涵。

文化遗产是城市特色的重要体现，所谓托物寄情、托物寄史。从河流山脉、地形地貌、树林草地，到历史街道、文物古迹、传统民居，再到传统技能、风俗习惯、文化情操等等，这些都是形成一个城市记忆的有力物证。其中，众多物质的与非物质的文化遗产，往往是一座城市文化价值的重要体现。这些文化遗产存留在城市的空间中，融合在人们的生活里，对城市的风貌、人们的行为起着无法替代的影响和作用。例如城市文化遗产在南京的文化城市建设中处于举足轻重的地位。特别是拥有国内保存相对完好的现存约22千米的明城墙。而在明城墙所包围的41平方千米的范围内，有1000多处历史遗迹列入保护范围。更因为拥有龙江宝船厂遗址、江宁织造府遗址等一批具有国际影响的文化遗址而备受关注。每一座文化遗产保护先进城市，总是在城市规划建设中，千方百计地设法保留那些构成历史文脉的重要遗存，让这些历史坐标点在未来的城市建设中得到彰显。

城市文化遗产不但是城市发展的历史见证，而且是城市文明的现实载体。一座古代城市的营建，包括宫殿、衙署、里坊、道路和水系等，是一座规模宏大、布局合理、功能完备的完整的科学体系。特别是城市中留存至今成片的历史街区和数量众多的传统民居，是城市文化遗产的重要组成部分。它们既是先人活动的遗存，又是今人生活的空间，它们凝聚着一代又一代居民的思想、智慧、生活气息，它们夜以继日地诉说着城市的历史和文化，让人们不但可以了解许多令人难忘的城市故事，而且可以清晰地看到城市生动的成长过程。这些文化遗产是市民世世代代的创造和积累，积淀着他们在各个历史时期的杰出贡献。它们给予我们巨大的物质和精神享受，并启发我们的智慧以开拓未来。它们是先人对后人的恩赐，我们必须感谢它，善待它，呵护它。但是，在经历了大规模"旧城改造"后的今天，人们切实感到城市留存下来的历史街区已经不多，甚至导致城市历史信息难以全面感知。为此，在历史性城市的保护上，不但要强调历史的真实性、风貌的完整性，而且要维护生活的延续性。

（二）文化遗产保护延续城市文化

城市文化遗产是通过漫长的历史时期逐步形成和遗留下来的宝贵财富，反映着城市的历史、社会、思想的变迁，是今天我们可能触摸到的尚未消逝的历史真实。由此，更应该把文化遗产看做城市生命历程中不可中断的链接。这种链接使今天的生活与历史、与未来紧密地联系在一起，使我们的感情有了物质的依托。文化遗产是一个城市的记忆，城市的记忆无疑是一种复杂的组成。原汁原味保护这些文化遗产，不仅仅是保持城市个性和特色的需要，而且是延续城市文化的需要。城市从何处来？我们如何一步步走到今天？只有传统建筑上的一块块砖瓦、一根根梁柱，可以回答一代又一代居民所共同关心的问题。通过这些文化遗产，我们才能够更加清晰地了解城市的追求，明确城市如何走向明天，走向未来。文化遗产在城市中扮演着越来越重要的角色，成为城市生命的有力见证。今天，不少历史性城市在城市建设中为了保护一道古代城墙、一座文物建筑、一片传统民居、一条历史街道，不惜代价地调整规划设计方案，加以保存修复，为的就是保留历史的记忆和城市的特色。

文化城市的定位，是由城市文化遗产的特质所决定的。文化遗产涉及城市文化的身份认同，一个缺少文化资源和历史积淀的城市，不是一个健康的城市。正如我们无法想象，一个记忆不健全的人将如何面对未来的生活一样，一个文化遗产得不到妥善保护的城市也很难找到发展的动力。反之，一个城市有了文化遗产的存在，就有了历史底蕴，就有了文化含量，就有了文明的气息。从社会学的意义上说，文化遗产被视为城市共有的信仰和象征，维系着城市的核心情感和价值。今天，保护文化遗产的理由，不仅仅取决于它是否还具有以往的使用价值，也不完全取决于它具有多么珍贵的艺术和科学价值，同时还取决于它已经作为城市文化的重要组成部分，深深地印刻在市民们的记忆里。今天，保护文化遗产的目的，不仅仅是保存历史遗迹以满足人们对昔日文化的怀念，追溯过去苍老的往事，更是为了从物质和精神层面上延续我们的城市文化甚至生活本身，使今天和今后世代都能触摸到传统文化"不能消失的未来心跳"。

对文化遗产的重视程度，是城市文明程度的重要标志，体现着城市发展演进的自觉水平。我们保护文化遗产，正是因为它们对城市文化传承、现代社会发展具有重要意义。因此，文化遗产在社会生活中不能只扮演弱者的角色。尽管文化遗产需要全社会的关注和呵护，尤其是在过度注重经济利益的社会环境中，但是它们需要的不是人们给予怜悯式的保护，而是需要人们真正认识到文化遗产对于城市发展和市民生活质量提高所具有的不可替代的价值，而给予积极的保护。保护文化的多样性，保护文化遗产不被破坏，归根到底，就是保护我们自己。如果它们遭到损毁，它们所承载的文化就会随之消失，遭受损失最大的还是城市自身和全体市民。同时，祖先留给我们城市的文化遗产并非今日市民们独自所有，还要把它们转交给后代，未来的市民同样有权力面对这些文化遗产，同样需要与历史与祖先进行感情与理智的交流。延续城市文化是一种历史责任。我们没有权力和理由使文化遗产在当代消失。我们只能不遗余力地守望与传承，同时适当地加以合理利用。"子子孙孙永葆用"，这一保护过程要传之永远。

文化遗产保护有很长的路要走，关键是以正确的理念来平衡不同的利益主体，走可持续发展之路。城市建设与发展不应造成城市文化的缺失，因为城市的本质是人文城市。城市现代生活需要文化遗产。没有继承谈不上发展，不了解自己城市文化遗产价值的城市决策者是悲哀的，有的将只能是模仿和抄袭。城市经济可以"跨越式"发展，但是城市文化资源却不可能"跨越式"增长。城市建设奇迹可以创造，城市物质财富容易获得，今天没有达到的经济水平，明天可以达到；今天没有的物质财富，明天可以获得。但是，今天失去的文化遗产，将永远不可能再现。因此，对于文化遗产，任何一座城市的任何一任城市决策者，都没有利用现有的优势进行掠夺性开发，甚至毁坏的权力。

历史文化名城制度确立之后，城市建设出现了一种新的模式，新的思维方式。以优秀传统文化内涵的保护和弘扬为基点建设城市，即从文化角度，研究城市的生长过程，比之单纯地从物质角度规划建设城市，增加了深层次的更有益于拓展城市文明成果的精神内涵。例如绍兴提出以"全城"的保护为终极目标，就是把"点""线""面"保护与古城格局、传统风貌的保护结合起来，使得保护空间扩大到8.32平方千米的整个古城，体现古城保护的完整性。保护和延续古城的传统风貌，保持"小桥、流水、人家、乌篷船"的生活环境，体现"粉墙、黛瓦、坡顶、青石板"的建筑格调，凸现绍兴地方特色。"通过加强对'全城'的保护，为分散的文物保护单位撑起了'保护伞'，也将孤立的'文物大树'连缀成片，打造了原生态的'文物森林'，发挥了古城保护的整体效应"①。这一行动的深层次价值是人们所共同提倡和践行的社会道德、社会责任和社会使命，即保护城市文化遗产，并使文化遗产成为促进城市经济社会发展和人民生活质量提高的积极力量。

（三）文化遗产促进城市健康发展

全面协调可持续的科学发展观，是着眼于人类发展进步的客观趋势提出来的新思想和新理念。对于搞好文化遗产保护，有着重要的指导意义。继承、保护、弘扬好文化遗产，对于维系中华民族血脉，弘扬优秀文化传统，增进民族团结，振奋民族精神，捍卫国家主权和领土完整，推动人类文明进步和维护全球文化多样性，均具有重要作用。正确处理文化遗产保护的各种关系，实际上就是对科学发展观的积极实践。文化遗产的丧失是无法补偿的，其结果将导致精神的贫乏、历史记忆的缺失和整个社会的衰退。毕竟，文化遗产的价值与意义，是无法用简单的经济社会尺度来衡量，文化遗产对于经济社会的影响，是逐渐渗透而又深刻长远的。文化遗产是不可再生的精神资本、文化资本、经济资本

---

① 王永昌：《保护历史之根 传承文化之魂》，在第2届文化遗产保护与可持续发展国际会议上的发言，2006-05-31。

和社会资本。文化遗产滋养着现代科学、教育和文化，是民族自尊和获得国际尊严的力量源泉。在全球化背景下的后工业时代，文化遗产资源的积累和保护是文明发展的基础，拥有极高的潜能，是最重要的社会资源之一，为经济建设和社会发展提供强大的精神动力、不竭的智力支持和丰富的经济生长资源，是实现全面协调可持续发展的重要保证。

文化遗产构成城市文化生活的内涵，这种内涵建立在一定的文化时空基础之上，城市居民只有对生活的品位达到一定认知，才会对文化生活的品质提出更高要求。文化遗产的保护水平与城市的文化自觉息息相关。在城市中，文化遗产的价值是多元的，其历史和内涵需要真正的发掘。正是由于这些文化遗产的存在，城市的发展才具有了历史的延续性，它们使城市居民对传统文化有了更深层的理解，使外来参观者对当地历史及文化传统有了更真切的认知。2002年英国历史建筑和古迹委员会发表的报告《变化的伦敦——一个变化的世界中的古老城市》指出：古建筑不是伦敦经济增长的累赘，而是目前伦敦繁荣的基础。的确，目前伦敦最具有吸引力的地方，人们最愿意居住、工作和参观的地方，就是那些历史环境保持最完整、文化遗产保存最丰富的地方。应使文化遗产保护成为城市发展的积极力量，使城市建设从单纯的房屋排列、市政设施建设转向一种高层次的文化活动。而这种文化活动恰恰体现了城市建设行为的本质意义，即城市不仅要为市民提供一个良好的物质环境，而且要为市民提供一个高尚的文化空间。

城市发展应该是集社会活动诸多因素于一体的完整现象，是各个方面矛盾的辩证统一，是居民生存质量及人文环境的全面优化。城市在发展过程中要格外珍惜自己的文化遗产，只有保护文化遗产和发展两者并重，城市才能获得真正意义上的发展。事实证明，城市社会越是现代化，就越会将自己的文化遗产奉若神明。从我国当前城市发展的机遇来看，全方位的经济发展固然十分重要，但是没有文化遗产的妥善保护和合理利用就没有城市特色。一方面是发展，一方面是保护；一方面是经济实力的提升，一方面是文化传统的捍卫，只能在这两者之间找到一个经得起历史检验的平衡点，共同促进，协调发展。历史文脉是一座城市形成、变化和演进的轨迹和印痕，是一座城市文化传统生生不息的象征。人们可以通过书籍、媒体等多种途径了解和接受文化遗产知识，但还需要通过文化遗存来直接感受它。这些遗存所承载的历史文化信息对民众会产生一种深刻的、持续的影响，我们保护文化遗产，就要使生活在这座城市的人们能够直接感觉到历史的存在。例如2002年，一座元朝永丰库的遗址在宁波市中心被发现，随即被列入当年的全国十大考古新发现之一。宁波市政府及时投入6000余万元资金将其妥善保护并加以展示，他们认为这一珍贵文化遗产，对宁波来讲既是物质财富，更是精神财富，它使广大市民对自己城市的文化有了新的价值认同，进而产生一种自豪感和凝聚力。

　　文化遗产的物质本体保护固然重要，但是从这一物质本体中提炼出的精神世界的丰富内涵更加重要，因为文化遗产保护不仅是给城市留存一些静态的历史见证物，而且是通过具有活态文化价值的文化遗产推动城市人文环境的塑造。保护文化遗产是人文环境保护的重要组成部分，联合国教科文组织的有关文件指出：在生活条件加速变化的社会中，为了保存与其相称的生活环境，使之在其中接触到大自然和先辈遗留的文明见证，这对人的平衡和发展十分重要。文化遗产构成人类生存的人文环境，具有特殊的环境价值。"在西安人的心中，这座包裹着隋唐残垣的明代古城墙其实已远远超出文物和城市标志的物化概念，一位作家说，城墙是西安人心中的乡愁。她承载着历史的情感、记忆和辉煌，也见证着城市的过去与未来"[①]。这种文化空间的巨大浩瀚，这种对历史遗存和文化珍品的保持力，正是城市最大的价值之一。

二、文化遗产面临诸多生存危机

文化遗产资源是一个城市最大的资产，城市的魅力和发展动力来自于文化积淀。文化遗产是不可复制、不可再生的。但是，一些城市在经济建设、房地产开发和旅游发展中，由于急功近利思想作祟、经济利益驱使等人为因素，采取大拆大建的开发方式，实施过度的商业化运作，致使一片片积淀丰富人文信息的历史街区被夷为平地，一座座具有地域文化特色的传统建筑被无情摧毁，一处处文物保护单位被拆除破坏。由于忽视对文化遗产的保护，造成这些历史性城市文化空间的破坏，历史文脉的割裂，社区邻里的解体，最终导致珍贵的城市记忆的消失。

（一）文化遗产本体屡遭损毁与亵渎

文化遗产本体的保护是文化遗产保护的首要任务。但是今天更让人们触目惊心的，不是时间对历史的侵蚀，更为凶猛的是人为的破坏，损毁文化遗产本体的事件屡有发生。一是在所谓"危旧房改造"中造成文化遗产本体损毁。"'南京市秦淮区文物保

---

① 张毅：《探寻西安古都风貌保护之路》，载《经济日报》，2005-03-03（15）。

护单位牛市清代住宅'的牌子悬挂在老宅门口，外墙底部的石条高及人肩，红色的'拆'字被刷在上面。此处民居在今年6月10日中国首个'文化遗产日'被公布为第三批南京市文物保护单位"①。二是在所谓"旧城改造"中造成文化遗产本体损毁。"天津的文化遗产拆毁之多、后果之严重，令人触目惊心。自1980年以来，已经被拆毁的天津市文物保护单位有4个、区县文物保护单位16个、文物点160个，约占全市文物保护单位的1/6"②。三是在基本建设工程施工中造成文化遗产本体损毁。"黑龙江一处具有重要考古价值的金代遗址遭到施工损毁。这处遭到破坏的'纪家屯1号金代遗址'位于宾县纪家屯附近，是松花江大顶子山航电枢纽工程涉及的一处正在进行抢救性发掘的古代遗址。古代遗址破坏活动使文物考古部门失去了对遗址内涵研究的唯一线索"③。四是片面追求经济利益不合理利用造成文化遗产损毁。一些文化遗产所在地政府片面追求经济利益，擅自改变管理体制，把文化遗产交由公司承包管理，采取掠夺式经营，导致破坏事件发生。例如2005年7月，金山岭长城旅游公司以8万元的价钱将长城出租给北京某派对组织者。上千名中外青年男女登上金山岭长城，举行了彻夜的狂欢。当疯狂的男女们散去之后，长城上留下了大量的酒瓶垃圾、呕吐物和排泄物，使象征着中华民族精神的长城受到了无情的践踏和亵渎，新闻媒体迅速曝光，一时间国人哗然。

（二）盲目的开发建设割断历史文脉

一些城市在开发建设中，无所顾忌地大拆大建，致使城市原有的社会组织结构、社会网络及居民间的邻里关系被破坏，导

---

① 王军：《最后的老城》，载《瞭望新闻周刊》，2006–10–02（40）。
② 方兆麟等：《历史建筑：天津如何将你留住？》，载《人民政协报》，2006–09–18（B1）。
③ 曹霁阳：《一项工程损毁两处古代遗址》，载《人民日报》，2006–09–20（11）。

致社区解体，带来了犯罪率高、就业困难、人际疏远、人情冷漠等社会问题。一片片具有传统风貌、积淀丰富历史人文信息的民居建筑群被夷为平地；一批批具有重要历史、艺术和科学价值的文物古迹被摧毁。特别是在一些历史性城市也出现了摧残历史文化街区的短见行为。例如福州三坊七巷是我国保留至今最为完整和价值极为突出的历史街区之一。她囊括了福州人的性格、福州人的风俗、福州人的文化。但是若干年前该市计划在"三坊七巷"历史街区内引进改造投资，由房地产开发公司投资35亿元人民币，在占地44.1万平方米的地段上，建设包括29幢高层住宅、6幢高级办公楼及公寓、5个大型商贸中心和娱乐场所在内的庞大项目。名义上保留和修复39幢古建筑，并要"与新建筑融合在一起"。但是，可以想象这一方案如果实施，历史街区传统风貌将荡然无存。所幸，福州市现任领导放弃了原定的建设方案，使"三坊七巷"得以留存，并着手传统民居的修缮，实为功德无量之举。如今，走在我国各个城市的街道上，路边传统建筑外墙画着白圈的"拆"字已经成了一道寻常的"风景"。"拆"似乎已经成为不少城市建设的第一步。"拆"使多少历史文化街区遭到了灭顶之灾，"拆"使多少历史城区丧失了传统肌理，"拆"使多少历史性城市失去了特色风貌。因此"拆"被冯骥才先生斥为"二十年来中国城市中最霸道的一个字"[1]。面对北京胡同、四合院的不断消失，法国《费加罗报》感叹道："现在似乎没有什么可以阻止这场文化自杀，北京正把自己伟大的文化变成平庸"[2]。随着城市化进程的加快，小城镇和乡村建设也走上此途，新农村建设

---

① 冯骥才：《思想者独行》，3页，石家庄，花山文艺出版社，2005。
② 丹淳：《从城市形象说起》，载《中国文物报》，2005-02-09（3）。

被理解为"新村建设"，千百座传统民居、千百条历史街巷，与其中延续几代的生活环境一起，也在推土机下轰然消失、销声匿迹，文化的损失可谓十分惨重！

（三）"毁掉真文物，制造假古董"盛行

近年来在尊重历史的口号下，许多城市热衷于建筑假古董，与城市建筑应真实反映历史文脉的原则相违背，实际上是城市文化的倒退。历史遗存是城市发展的见证，反映当时城市的经济、科学和文化的特征，对历史建筑、历史遗存要真实地反映，容不得人为的作假。然而，在历史性城市中却广泛存在着"毁掉真文物，制造假古董"的现象，在保护和发展旅游的名义下拆旧建新。从北京琉璃厂拆除原有传统建筑，新建仿古建筑开始，全国陆续出现了众多由传统街道改造而成的"汉街""宋街""明清一条街"等，独具特色的历史街区逐渐沦为失去真实价值和历史信息的"假古董"，致使文化遗产的保护和旅游开发都误入了歧途。一些城市决策者认为维护已有上百年历史的传统建筑费时费力，而且在短期内难以取得良好的"政绩"和经济效益，因而干脆以假换真，省时省力，热衷于在城市记忆的载体上建造新的景观。于是，大批用现代材料、工艺堆砌起来的仿古建筑群招摇过市，大批古镇、老街、村落、民居被重新整修得失去了原有的文化韵味。直至今天，人们仍然经常听到一些城市新的仿古一条街，甚至仿古街区竣工剪彩的消息，但是与此同时，同一座城市中大量珍贵的历史建筑和传统民居却毁于推土机之下。当已经消失了几十年的城墙、楼阁、寺庙等得以重建的同时，现存文化遗产却得不到应有的保护。近年来，列入文物保护单位的寺庙中钢筋混凝土建筑正在逐渐增多，宗教圣地也失去了往日的庄严神圣

感。拆真作假，热衷于建造假古董，造大庙、造高塔、造大佛，恢复早已消失的历史建筑，改变了历史的本来面目，致使文化遗产的背景环境被改变或损毁，完全偏离了文化遗产保护的真谛。还有一些城市将历史文化街区中的居民全部迁出，把民居改为旅游和娱乐等设施，使历史文化街区失去了传统的生活方式和习俗，即失去了"生活真实性"。这种以表演性仿古活动来代替依附在这些历史场所里的真实的人们的生活，从某种意义上说是另一种造假的行为，历史文化街区也因此失去了原有的历史韵味。以假古董代替真文物，实际上是文化的无知。

（四）"保护性破坏"案件逐年增多

近年来，以保护利用为名造成文化遗产损毁的"保护性破坏"案件逐年增多。有的城市将历史文化街区内的传统民居几乎全部拆光，重新建造。新建两层楼房，布置成整齐划一格局，住宅采取单元式形式，人们从中找不到这种做法和"保护"有什么联系，也看不到它和历史文化街区的文化渊源有丝毫的关系。近年来，我国各地又兴起了新一轮的"关心长城，修复长城"的热潮。但是往往与文化遗产保护的根本目的不同，主要是急于利用长城吸引更多游客。据2005年的不完全统计，在这场运动中包括了近百个长城开发招商项目，其中市县旅游局和各种旅游公司的开发项目占大多数。例如开发金山岭长城的公司为了招揽游客，拆毁了一座有400多年历史的箭楼，建成缆车通道的入口。在保护的口号下，这些破坏也找到了堂而皇之的理由，以加强利用为由，盲目地追求利益的最大化，使毁坏文化遗产的事件时有发生。例如位于山东境内的齐长城是迄今发现的最古老的长城，被誉为"长城之祖"。但是部分段落被毁坏，而仿造明清长城建起的

"假长城"彩旗招展，在齐长城沿线，"真长城牵手假长城"的"奇观"并不鲜见。类似的"修缮"还发生在长城的许多段落。人们随心所欲修复的这些城墙、关隘、烽火台等，无论是建筑材料、工艺技术，还是外观形象，都与历史的真实相去甚远，修复变成了破坏，向人们传递着虚假的历史文化信息。过去当地居民拆砖建房和自然损毁是使长城遭到破坏的两大因素，今天，以促进旅游为目的的"造城运动"已经成为破坏长城的罪魁祸首。同时，多年来"重修圆明园"的呼声也不绝于耳，宣称要"再现昔日造园艺术的辉煌"。"殊不知，圆明园作为废墟的历史见证价值已经远远超过她作为文化遗存的价值"①。文化遗产保护当然是指历史遗产真实的本身，不是复制品，不是仿制品，更不是毫无根据假冒的赝品。这一点本已明确，不应该有所争论。但是现在恰恰在这一点上，出现了一些"理论"和实践，偷梁换柱，把改造冒充为保护，以保护之名，行改造之实，而最终的目的是牟取开发之利。

（五）以单体保护取代整体环境保护

文化遗产的珍贵价值，往往不仅存在于本体，还体现于其存在的历史环境中，正因为历史环境的存留，才使文化遗产的生命价值融合在人们的社会生活之中，对城市的发展和人们的行为起着无法替代的作用。保护这些历史环境，不仅仅是延续文化遗产价值的需要，而且是保护城市个性的需要。在城市建设中，文化遗产周边历史悠久的人文环境被大肆拆毁，实质上是对城市历史文脉的破坏，而急功近利、利益驱使等人为因素是重要原因。

---

① 叶延芳：《中国传统建筑的文化反思及展望》，载《光明日报》，2006-09-07（6，7）。

例如崇妙保圣坚牢塔位于福州市鼓楼区，系全国重点文物保护单位，是研究五代闽国史及其宗教、雕刻艺术的珍贵遗存。2002年10月，福州市政府决定将该塔文物保护范围内的14333平方米（21.5亩）土地及周边地段共44000平方米（66亩）通过公开出让，用于经营开发。在未依法报批的情况下，即开工进行冠亚广场建设，严重破坏了这座千年古塔的历史风貌和周边环境。这是一起典型的机关法人违法事件，城市政府负有主要责任，经专项执法督察得以纠正。当前在一些历史性城市，为了达到"旧城改造"和历史城区保护这两个互相冲突的目标，在强调对标志性文物建筑维护的同时，忽视对城市肌理和文化生态的保护。一方面，列入文物保护单位的重要文物建筑和标志性纪念物被选作保护的重点目标，享受着保护资金，并相继得以修缮；另一方面，这些文化遗产的背景环境和周围大面积的历史街区格局却被不断遭到摧毁和拆除。"例如在钟鼓楼地区，政府虽然在2004年修复了钟楼和鼓楼，却拆掉了邻近的街区，尽管它们属于保护区的范围。除'解决交通问题'的考虑之外，拆除这些有着几百年历史的街区的另一个理由是为了'让旅游者能更清楚地看到重要的历史景观'。但是，没有历史街区提供的建筑背景和文化氛围，历史纪念物终不过沦为'现代'城市的一个小小点缀而已"[1]。沈阳市素有"一朝发祥地，两代帝王城"之称，如今原来围绕在"沈阳故宫"周围的传统民居几乎全部被拆除，致使该处世界文化遗产藏身于混凝土建筑的丛林之中，而附近商厦的一场大火，险些使这一北方地区最大的皇家建筑毁于一旦。

---

[1] 张玥：《城市景观的重塑——符号化的北京旧城保护（2000—2005）》，见《北京和北京：两难中的对话》，169页，联合国教科文组织北京办事处，2005。

（六）商业化开发造成持久负面影响

在市场经济条件下，一些城市的发展仅仅注重经济功能，而忽视其中应有的文化质量，仅仅注重物质结构，而忽视文化生态和人文精神。如秦始皇陵遗址内开辟了数千平方米的现代广场。尽管随后因受到联合国教科文组织的关注，拆除了一些仿古建筑，但其后又在保护范围内大兴土木，修建旅游设施，平日里陵区内旌旗招展，严重破坏了秦始皇陵的完整性和文化内涵的真实性。还有的地方将文化遗产作为一种标签，招商引资，但是引来的资金却往往在文化遗产的控制地带，甚至保护范围内兴建宾馆、商场、人造景观，同时商业区范围不断扩大，甚至家家开店，人人经商，使文化遗产地充满着商业气氛；一些城市在风景名胜区内盲目建设各类设施，开大马路、铺大草坪、建大花坛、竖大雕塑。"据《山西晚报》报道，著名的佛教圣地五台山申报世界文化遗产、自然遗产双遗产的工作正在紧锣密鼓地进行。但由于五台山商业味太浓，给申报世界遗产工作带来很大困难。据有关部门不完全统计，五台山核心地带共有宾馆700多家，饭店1000多家，大小商铺更是不计其数。过于浓厚的商业气息使五台山给人的感觉更像一个商业城镇，而不是佛教圣地。目前，五台山景区的有关部门正在对这些过多过滥的商业设施进行改造整治，为自己的历史欠账埋单。但愿各地政府能够从中吸取教训，使先盲目开发、再花血本保护的悲剧不要一再上演"[1]。笔者住居附近的一座古代坛庙建筑群，几十年来作为城市公园开放，园中的苍松翠柏，为市民提供了优雅、清新的文化空间。但是近年来公园

---

① 郭振栋：《是世界遗产还是地方财富》，载《光明日报》，2006-06-23（6）。

中的各类展销愈演愈烈，就连图书展销也有不少低档商品充斥其中，更有各类冷热食品的售卖。每次活动结束公园里长久散布着垃圾和便溺的恶臭，难以恢复往日幽静的环境和清新的空气，情况稍有好转时，新的一场展销活动又将"鸣锣开张"。从某种意义上，这处历史空间日益丧失了它的灵魂，而蜕化成一个"主题公园"，以损害历史风貌及居民利益为巨大代价，换取了管理部门的经济利益。如此一来，文化遗产在商业利益的驱动下而"复兴"，通过"商业化再利用"吸引游客，进而拉动地方经济增长，对文化遗产及其文化环境带来了持久的负面影响。

（七）超负荷旅游破坏历史文化空间

近年来各地旅游开发迅猛，宾馆林立，商事繁荣。与此同时，文化遗产使用性质的改变也比较突出。一些拥有文化遗产的城市，政府决策者对于文化遗产的利用几乎都认为只有旅游开发一条路。于是，在狭隘的地方、部门、小团体甚至个人利益的驱动下，文化遗产面临着旅游业超负荷开发的问题。一些风光秀美、具有浓郁文化氛围的江南水乡，有着极高的人文价值，深受国内外旅游者的喜爱，每年都有大量的游客慕名而来，尤其是旅游旺季，游客将古镇围得水泄不通，镇内更是摩肩接踵。旅游业虽然带来了小镇的繁荣，但同时也破坏了其原有风貌和文化内涵。数以万计游客的涌入使古镇在重负下透不过气来，镇上居民不得不告别往昔平静的日子，正常生活被搅得不得安宁，文物古迹本身的保护状况也在持续恶化。旅游商业的发展呈现出量的膨胀和质的低下，当地民间手工艺在不断消失，取而代之的是大批量的工厂流水线产品。为了取悦游客以获得更多经济效益，市场上充斥着产自全国各地甚至是世界各国的各种旅游商品，但是各地之间类型雷同，没有特色，犹如一盘琳琅满目的"大杂烩"，无法辨别哪些产自于本地。在传统民俗表演方面，抬轿子、跑旱船、舞龙灯、挂大红灯笼等，几乎成为所有旅游地的节目，反而淹没了当地的民间特色，导致缺乏吸引力，呈现出文化蜕化的现象。近年来，一些古城、古镇开始出现了不正常的居民迁离，原住居民由于利益的驱动，将老屋改为店铺，出租给外来经商人员，自己迁到新城居住，造成文化遗产地原住居民的大量流失。这样原本集居住、商贸于一体的历史文化街区，逐渐演变为纯粹的商贸旅游区，丧失了街区的历史真实性，影响了文化遗产的价值。长此以往，古城、古镇内的传统建筑虽然基本上得以保留下来，但是其中的生活场景已然消失，成为文化空壳。从某种意义上说，传统生活方式的消失与传统建筑的消失同样可怕。真正的保护不应使原有居民成分发生急剧变迁，不应让传统的生活方式骤然消失，而应该在整体上保持一种渐进演化，让历史街区和其中的居民本身的生存形态共同讲述真实的故事，把历史建筑与记忆、时光、生活方式同时留下。

（八）不合理定位改变历史街区环境

目前在一些城市出现了以所谓历史文化街区"复兴"取代城市文化遗产保护的现象。不合理的功能定位破坏了历史文化街区的优雅环境和人文底蕴。例如以宁静而优雅的环境和自然与人文的和谐而著称于世的北京什刹海地区，尽管由于确立为历史文化保护区而避免了被拆除的厄运，但是如今变成了一个"酒吧区"，传统建筑大多用于商业和餐饮业，成为各色酒吧、西餐厅和旅游制品的经营场所。过度的商业氛围破坏了该地区整体风貌的和谐。从2003年第一家酒吧开业以来，在短短的几年内，什刹海的酒吧数量迅速增长到上百家，并且增加势头越来越猛。如此大的发展规模破坏了该地区原有的温馨和宁静的气氛。过去，提起什刹海，人们想到的一定是湖水、胡同、四合院这些元素；而现在，提得更多的是酒吧、餐馆和旅游商品。过去的静谧被今日的喧哗所替代，每到夜晚，往日老北京人传统幽静的生活被打破，酒吧里喧嚣的音乐让居民难以入睡。酒吧数量的激增导致了交通拥堵、小贩云集、公共空间被侵占，湖岸的每一块土地，甚至包括人行道都被酒吧主人所占用。五颜六色的灯光、充斥着外来语的招牌、此起彼伏的外文歌曲，构成了今日什刹海的总体印象。"当酒吧主人们攫取着巨额利润，游客们享受着充满异国情调的夜生活之时，居民们却永远失去了昔日安详的生活"[1]。"就什刹海历史街区来说，它的发展必须延续原有的文化传统和历史环境，具体包括胡同和四合院的生活气息、湖畔的传统文化功能及整个什刹海街区的野趣个性"[2]。如果不控制和改变当前的状况，这一局面必将愈演愈烈。其结果不但湖畔的景观遭到破坏，周边的胡同、四合院也会慢慢地被吞噬，历史文脉将一步步地被割断。

三、文化遗产保护的本质是文化继承问题

以上分析表明，今天城市文化遗产保护面临着严峻的形势。我们失去的已经不仅是文物建筑本体、历史文化街区肌理、历史性城市风貌，正在丧失的还有对传统文化的信仰和对地域文化的信心。文化遗产保护既不是从中获利，也不是营造崭新的城市景观，而是对历史的理解，对文化的热爱，以及对不同生活方式的

---

① 张玥：《城市景观的重塑——符号化的北京旧城保护（2000—2005）》，见《北京和北京：两难中的对话》，169 页，联合国教科文组织北京办事处，2005。
② 龚迪嘉：《什刹海因"野趣"而精彩》，载《理想空间》，2006（15），118 页。

尊重。对于一座城市而言，文化遗产及其环境的保护固然重要，但是更重要的是如何树立市民对城市文化的责任感和自豪感。无法想象，一个放弃自己的文化传统，而一味迎合庸俗审美情趣的城市，将形成怎样的城市文化环境并留给后代。因此，可以说文化遗产保护的本质是文化的继承问题。

（一）文化遗产保护遭遇"危险期"

针对我国文化遗产保护方面存在的突出问题，有关专家指出，"我们正处在一个'危险期'之中"[①]。这一判断，无疑是拥有大量例证根据。在当前大规模城市建设和"旧城改造"的高潮中，始料未及的"大破坏"时有发生。有人认为："新中国成立以来，我国城市中传承着城市文脉的历史古建筑和遗迹受到三次严重破坏，第一次是解放初期到大炼钢铁时期，第二次是"文化大革命"时期，第三次是改革开放之后，借'改造旧城，消灭危房'等动人口号，使某些城市的历史建筑，城市风貌遭受了灭绝性的毁坏"[②]。我国城市近20年来有着巨大的发展，但是遗憾的是，发展过程中毁坏了大量文化遗产，我们为此缴纳的已经不仅仅是昂贵的学费，而是对城市文化资源难以弥补的伤害。

目前，我国正处于一个经济迅猛发展，现代化、城市化日新月异的时期，城市各类房屋和基础设施的建设正以空前的规模和速度展开。在这个时期，一方面，经济建设与文化遗产保护之间的矛盾异常突出。另一方面，社会上存在着忽视文化遗产保护的倾向。一些城市决策者，或出于片面地追求现代化速度，或迫切地积累任职的政绩，或只盯住眼前的经济利益，将成片的历史城

① 陈立旭：《历史文化遗产处于危险期》，载《学习时报》，2005-07-20。
② 高路：《城市"形象工程"遭遇8大"盲目症"》，载《中国文化报》，2005-10-11（3）。

区交由房地产开发商进行改造。他们对自己城市中的文化遗产价值和保存状况大多一无所知，甚至无暇加以了解。大规模的旧城改造、过度商业化的运作、大拆大建的开发方式，往往造成传统空间、生活肌理及其历史文脉的割裂，导致城市记忆的消失。正如徐苹芳先生指出："在近年经济建设的高潮中，地方政府将经济指标放在第一位，往往是基建部门压倒文物保护。因此，在执行文物法的过程中，遇到了很多来自各级政府的阻力。在建设工程中破坏遗址和文物的几乎都是政府行为。"①面对文化遗产保护的诸多困难，每一位文化遗产保护工作者都有切肤之感。

在城市化浪潮中，很多城市受到了房地产业巨大利益的刺激而大兴土木，无数历史街区在推土机的轰鸣中变成瓦砾，换来的只是"千城一面"的城市景观和与本地文化毫无关联的各类建筑。当城市历史中心挤满了高层建筑，原有的文化多样化空间不复存在；当传统商业街区不断消失，被大体量的现代商厦所取代；当尺度宜人的传统街道被改造扩宽，取而代之的是凌空飞架的立交桥；当浓荫蔽日的街头绿地化作尘封的记忆，超大尺度的城市广场占据大量公共空间，当这一切成为现实，并不断成为现实，传统城市文化将难以为继。当代留给后代的只能是一座座失去记忆的"空心城市"。城市失去的不仅仅是独具特色的城市面貌，而且将失去城市的文化灵魂。一座割断了历史文脉的城市，一座破坏了人文环境的城市，一座失去了文化灵魂的城市，将无根可寻、无源可溯，将与文化城市无缘。

每一座城市的文化遗产资源都是在历史长河中一点一滴地

---

① 李政：《徐苹芳谈基本建设与考古发掘和文物保护》，载《中国文物报》，2003-11-21(5)。

积累起来的，一个城市的特色，大都经历了数十年、上百年的沉淀，一座历史性城市更需要经过数百年、上千年的文化积累。可是如今我们看到，如果要毁掉这些经过漫长岁月积淀而成的城市记忆和特色风貌，又是那么轻而易举，几年，甚至几个月就能实现。而这些文化遗产和城市特色一旦被毁，便覆水难收，就将永远失去，再难恢复。对此，仇保兴副部长尖锐地指出："不幸的是我国许多地方，在争创'国际化大都市'、实现'一年一小变，三年大变样'等豪言壮语的驱动下，在'人民城市人民建、消灭危旧房为人民'等貌似正确而且'鼓舞人心'的口号策动下，城市发展之源、文脉之根的旧城区或历史文化街区纷纷被推倒、拆平，取而代之的是大量毫无特色的'现代'楼宇，彻底破坏了上千年历史形成的独特风貌，成为失去记忆的城市，这等于将祖传的名画涂改成现代水彩画。"[1]

（二）文化遗产保护首先是认识问题

目前，我国的世界遗产数量在全世界名列第三。但是，在联合国教科文组织的《世界遗产名录》中，大约有1/3是各国的历史性城市或历史城区，而我国103座国家历史文化名城中，却只有平遥和丽江两座城市列入了该名录。造成这一现象的重要原因，就是因为我们许多历史性城市中的文化遗产和历史风貌在城市建设和改造中遭到破坏。与一些欧洲国家相比，我们所保护的文化遗产不是太多，而是太少。例如在伦敦，市区内泰晤士河上共计有32座历史桥梁，仅市中心区就有8座桥梁受到保护；在巴黎，市区有3115座历史建筑至今受到妥善的保护；在柏林，政府规定凡

---

[1] 仇保兴：《在城市建设中容易发生的八种错误倾向》，载《中国建设报》，2005−12−13(1)。

80～100年以上的传统建筑都必须无条件地保留；在马德里，任何单位和个人均不得对市中心的历史建筑进行任何改动，并且每隔20年必须按照原状重新进行维修和粉刷，否则将课以重罚；在罗马，斗兽场在人为和自然的破坏下已经部分坍塌，但是人们并没有对其进行恢复，而是用现代技术对断壁残垣进行科学加固，供人们考察和观赏。而在我国，"在高速城镇化进程中，由于部分城市领导盲目的崇洋媚外、喜新厌旧和贪大求洋，在这些不正确地认识作用下，不少历史文化名城惨遭毁灭性的破坏，历史风貌荡然无存，少数国家级文物保护单位也成了现代建筑海洋中的孤岛而痛失其历史原真性和环境的整体性"[1]。

欧洲一些国家的过去和我国的今天一样，也经受过城市化加速发展的冲击。如19世纪中叶，当时巴黎市政长官G.E.奥斯曼（G.E.Haussmann）主持的巴黎改造工程，对巴黎进行了一次大规模的剧烈改造。"直到今天，欧斯曼已去世130多年了，巴黎人还在为那一次他所领导的对巴黎老城的'屠杀'大加声讨"[2]，称他是一个毁坏了无数历史文化遗产的"蹩脚规划师"！当时欧斯曼对巴黎的改造和今天我国一些历史性城市的改造有着很多相似的地方。但是巴黎市民从惨痛的事实中汲取教训，使许多历史城区和文化遗产得以留存下来。如在20世纪50—60年代，超高层建筑要在巴黎市中心立足，数量快速增长的汽车要在传统街区内冲出宽阔的大道，房地产开发商们策划拆除历史城区内狭窄的历史街道和设施陈旧的传统建筑。但是当这场文化灾难即将来临时，首先是市民们挺身而出，在报刊上发表文章，举办城市历史展览，成

---

[1] 仇保兴：《在城市建设中容易发生的八种错误倾向》，载《中国建设报》，2005-12-13（1）。
[2] 王军：《城记》，23页，北京，生活·读书·新知三联书店，2003。

立街区保护组织，宣传保护文化遗产。他们认为正是这些传统建筑和历史街区，构成了城市独特的历史文化空间，他们的全部精神文化之根都深深地扎于其中。因此，他们为保卫这一文化空间而努力奋争了数十年，终于这些观点成为今天全体巴黎市民的共识。国际视野能够让我们看到差距。实际上，根本的问题在于经济崛起的我国城市在21世纪是否有意识、有信心和有能力保护和弘扬自身文化，而其中能否拥有正确的发展理念则更为关键。

日本的文化遗产保护立法经历了一个跨越百年的系统工程。早在1871年，即现代化的初始阶段，日本就制定了第一部有关文化财产保存的条例；随后，在1897年和1929年政府又分别颁布了《古社寺保存法》和《国宝保存法》；而1950年日本制定的《文化财保护法》，更加强调文化遗产的精神文化层面的意义，此后的50多年间，又对该法进行了近20次的修订。由此看来，这种文化遗产的保护传统也是伴随着日本的现代化进程，并且与时俱进。今天，西欧一座座保存得十分完整的千年古城，它们既像一座座巨大的博物馆，又像一件件完整的艺术珍品，它们的每块砖、每棵树、每个石阶、每栋房屋、每条街道都镶刻着历史的印记，都透射出勤劳智慧的当地居民的独具匠心。这些古城和文化遗产之所以能够留存至今，在很大程度上既得益于市民们强烈的保护意识和参与意识，也得益于城市决策者的远见卓识。从韩国和日本这两个亚洲现代化程度较高的国家来看，现代化本身就伴随着对自身文化传统的自我认定和不断强化，而绝不是对自身文化传统的自轻自贱或全盘否定。

（三）"民众的参与是最好的保障"

"民众的参与是最好的保障"是印度文化遗产界对外宣传的

一句口号，目的是号召更多的民众加入到保护文化遗产的行列。撒巴瑞玛拉（Sabarimala）寺是印度著名的朝圣地之一，当地政府希望将旅游作为地方的支柱产业，大力开发寺庙地区以造福一方，但是，却在工程动工当天遭遇了印度最著名的民间组织——"拥抱运动"。工程区域内，每一棵可能会被砍伐的树木都被人们紧紧地抱在怀里，他们准备用自己的肉体去阻挡工程人员的刀斧。这种颇具印度特色的"拥抱运动"在印度已经有30多年的历史。这项"非暴力不合作"运动在印度迅速蔓延开来，吸纳了从农民到城市白领，成千上万来自印度各个社会阶层、种族、年龄和性别的拥抱者。今天，以该民间组织为首进行的极具印度传统特色的"拥抱运动"在印度随处可见，并被普遍加以应用。尽管"拥抱运动"不是专业性的文化遗产保护组织，但这种独具特色的捍卫保护家园的组织和运动，在集结并发挥其公众力量参与保护的同时，其本身也是印度传统文化的继承与发扬[1]。

动员民众参与文化遗产保护在我国也有传统。1956年国务院颁布的《关于在农业生产建设中保护文物的通知》中的第一条就是要求文物保护工作不能仅仅依靠政府，而是要"加强领导和宣传，使保护文物成为广泛的群众性工作"。并且提出了要建立群众性文物保护小组的要求[2]。可喜的是，整整50年之后，2006年6月10日，成为我国首个"文化遗产日"。文化遗产日是在全国政协委员和专家学者的不懈呼吁下，也是在我国文化遗产保护处于极其困难的背景下，由国务院决定设立，显示出一种非同寻常

---

[1] 戚思文：《全球化背景下的印度文化遗产保护浅谈》，载《理想空间》，2006（15），97页。
[2] 谢辰生：《新中国文物保护工作50年》，载《当代中国史研究》，2002，9（3），61页。

的必要性和极强的现实意义。由国家确定"文化遗产日"显示了当代中国对自己文明的认识高度，表现了一个民族文明的自觉。更为重要的是，进一步将文化遗产保护事业变为亿万民众的共同事业，表明具有现代文明意义的、并被人类广泛认同的文化遗产观，正在我国形成。保护文化遗产不仅是各级政府和专家学者的责任，而且是每一个公民应该担负起来的责任，更是亿万民众的共同责任。民众既是文化的创造者，也是文化的主人。如果广大民众不珍视、不爱惜、不保护、不传承我们的文化，文化最终还是要中断与消亡。"文化遗产日"正是在这样的思考层面上确立的。

最早确立文化遗产日的是法国，后来遍及欧洲。法国的"文化遗产日"活动始于20世纪80年代，旨在使参观者近距离接触、了解人类的文化遗产，从新的角度来认识文化遗产的深远价值。于是，1984年9月的第三个星期日成为法国也是全世界第一个"文化遗产日"，并立法规定：对于文化遗产，国家不再是它的唯一保护者，国家地方行政机构、各种组织与协会和每个公民都有义务和责任保护和热爱文化遗产。因此，"文化遗产日"活动对于参与者增强文化遗产保护意识具有重要意义。法国每年有1000多万人主动参加这一盛大的文化活动，公众是这一天的主人，他们是主动的参与者而不是被动的参加者。1985年以后，许多国家开始效仿法国的做法。到2000年，全球已有47个国家举办"文化遗产日"活动。在这一天，大到城市，小到乡镇，民众以各种方式举办各种丰富多彩、富于创意的活动，设法把这一天的文化活动开展得有声有色，从而丰富人们的文化情怀，提高人们对各自文化的荣誉感。2005年法国文化遗产日的主题为"我爱我的遗产"。法国文化部R.D.德瓦布雷斯（R.D.de Vabres）部长宣称：该主题"是使每一个法国公民能表达他们对文化遗产的热爱"。在面对全球化带来的文化趋同的浪潮中，文化遗产日大大提高了各国民众对文化遗产的关注与自觉保护。

文化遗产保护作为一项利在当代、功在千秋的社会公益事业，需要动员广大民众的积极参与。许多珍贵文物的第一发现者和第一时间保护者就是普通民众。如果民众缺乏文物保护意识，没有采取基本的保护措施，它们可能无声无息地被破坏甚至毁灭。2003年1月19日，陕西省宝鸡市眉县杨家村王宁贤等5位农民在取土时意外发现一处西周青铜器窖藏，他们妥善保护并及时报告当地文物部门。后经专家考证，这批青铜器件有铭文，创造了全国同类发现的多项第一，对夏商周断代工程研究具有重要意义，被评为2003年度"全国十大考古新发现"。这一事迹传遍了全国，受到社会的广泛关注，唤起全社会的文化遗产保护意识。另一件民众自发保护文物的感人事迹，发生在年人均收入不足700元的极其贫困的贵州省黎平县地坪乡，当2004年7月20日，一场百年未遇的洪水咆哮着冲毁全国重点文物保护单位地坪风雨桥时，当地数百名群众自发地跃入洪水，拼死打捞风雨桥构件，三天三夜的奋争，从贵州打捞到广西，抢救回75%以上的风雨桥构件，使风雨桥得以重建，上演了一幕我国文化遗产保护史上的壮举。事后记者采访村民粟朝辉时，他只说了一句话："我是本地人，这是尽义务。"这句话表达了地坪乡普通群众的一种共识。地坪风雨桥连接着上寨村和下寨村，这里共生活着1500余位侗族群众。风雨桥既是他们休闲、节庆的场所，也是侗族青年行歌坐月、谈情说爱的地方。当地人以此为自豪，把它当作村寨的精神财富，祖祖

贵州黎平历史街道（2010年8月12日）

辈辈都将守护它当成自己的义务。一位侗族学者说：花桥是我们
侗族人生命中的桥，保护花桥是我们传承民族文化的方式之一。
孩子们是唱"地坪花桥传万代"的侗族大歌长大的。地坪人在这
种氛围中成长、生活，爱护花桥、保护花桥的意识已经溶入了他
们的血液，他们为花桥做任何事都如同呼吸般自然，文物保护的
民众意识在这里得到了最强烈的表达。

四、迎接文化遗产保护事业的战略转型

文化遗产不是在时间和空间上凝固不变的对象。文化遗产是
一个博大的系统、一个发展的概念、一个开放的体系、一个永恒的
话题。对于文化遗产保护的认识也一直处于发展变化之中，不断被
检验、被证明、被修正、被丰富，在实践之中产生出更符合实际的

新内容。因此，我们对于文化遗产保护的理念，既不可能脱离特定的时空而形成，也不可能抛开人们对文化遗产价值的判断来认识。近几年，一方面大拆大建式的城市改造导致人们普遍产生文化失落感，另一方面生活环境的急速变迁引发人们对传统文化的精神回归，人们对于文化遗产保护的观念正在迅速形成，文化遗产保护渐渐成为政府与社会各界的关注焦点，认识的不断深化与更新推动着保护工作的实践，呈现出令人欣喜的发展轨迹。

（一）"单体保护"与"整体保护"

文化遗产是一座城市文化价值的重要体现，而文化遗产依赖于背景环境而存在，有背景环境的烘托，文化遗产才能全面彰显其历史、艺术和科学价值，才能真正成为城市文明的载体，才能更加受到社会的尊重，民众的珍爱，国家的保护。文化遗产和背景环境的保护和保留如同树木和土壤的关系一样，树木失去了土壤，就失去了生存的条件，就失去了生机，就变成了枯树。同样，失去背景环境的文化遗产，就不能反映或不能全面反映其应有的价值，就会成为孤立的"盆景"。文化遗产与背景环境的关系，应该是个体与整体、局部与全部的关系。如果损毁了文化遗产的背景环境，不仅文化遗产的价值大大降低，它的延续时空也将大大压缩，甚至危及自身安全。我们常常看到一些历史文化街区，由于周围布满高楼大厦，漫步其中，犹如井底观天，难以体现原有的文化意境。一些传统建筑群，由于周围开发成繁华的商业网点或集贸市场，致使这些传统建筑的背景环境所反映的历史地位、民族风格、地理形胜以及建筑风水等损失殆尽。尽管一些文化遗产本身得到了保护和修缮，但是仍然丧失了往日的光彩，其原因就在于文化遗产周边环境被破坏，影响了文化遗产本体所依托的社会生活方式或者是文化传承基础，直接导致文化遗产本体价值的损害。

文化遗产保护应遵循真实性和完整性的原则。真实性原则，就要求不得改变文化遗产的历史原状，要尽可能地保护文化遗产所拥有的全部历史信息。完整性原则，则要求将文化遗产及其周边环境作为一个整体，保护不仅限于其本身，还要保护其背景环境，特别对于历史性城市更要保护好整体环境，这样才能体现出历史原貌。对城市化加速进程中的历史性城市来说，"保护与发展"的矛盾更为突出，整体保护的责任更为艰巨。对此徐苹芳先生指出："方针上的错误和对历史文化名城保护的软弱无力是主要原因。直到现在，呼吁多年的历史文化名城保护条例都没有出台，更谈不上专门的法律。对历史文化名城的保护的依据只能是搭《文物保护法》的车，简单的几项条款，这是一个相当严重的问题。"他同时指出："对历史文化名城的保护，城市规划部门提出的不整体保护完整的古代城市规划'遗痕'，而是有选择地保护一些主观规定的历史文化街区的思路是错误的。历史文化街区的概念是自欧洲移植过来的，根本不符合中国古代城市重叠式发展的历史特点。"[①]虽然笔者认为，将历史性城市中较完整保存真实历史信息和历史风貌，集中反映一定历史时期和地方特色的地段，确定为历史文化街区加以保护的做法，在现阶段具有抢救性保护意义，但是，徐苹芳先生整体保护历史性城市的观点无疑是十分正确和非常重要的，实际上是在告诫我们不能用历史文化街区的保护来取代历史性城市的整体保护。特别是在城市化加速

---

① 李政:《徐苹芳谈基本建设与考古发掘和文物保护》, 载《中国文物报》, 2003—11—21(5)。

发展的新形势下，大规模城市建设对历史性城市和文化遗产环境造成重大冲击，更加使整体保护成为亟待加强的问题。

国际社会从1964年的《威尼斯宪章》到1994年的《奈良真实性文件》，都侧重于对文物本体的保护①。在我国，现行的文物保护法和历史文化名城保护制度中，也偏重于对文物保护范围内各项历史要素的保护，仅在确定保护范围的同时，根据需要设立一定规模的建设控制地带来控制其周围环境，例如有的城市公布了若干历史文化街区。应该看到，这些措施都是很有限的，许多历史沿革、历史事件、历史面貌均与其背景环境密切相关，如果背景环境受到损害或消失，文化遗产的完整性及其本身价值也必然受到损害，它所反映的文化内涵，也将处于孤立的、局部的和不完整的状态。因此，上述这些措施远远不能满足维护我国历史性城市的真实性与完整性的需要，致使上百座国家历史文化名城都受到不同程度的破坏，其中一些严重的已经面目全非。2005年10月，国际古迹遗址理事会第15届大会通过的《西安宣言》提出对文物建筑、文化遗址和历史区域的周边环境进行保护，以减小城市化进程对文化遗产真实性、完整性和多样性的破坏。宣言强调在文物保护实践中，需要通过规划手段和实践来保护和管理周边环境，使对文化遗产的保护，扩展到更大的甚至城市总体的空间范围。侯仁之院士认为："国际古迹遗址理事会大会提出历史建筑的重要性和独特性来自于人们所理解的其社会、精神、历史、艺术、审美、自然、科学或其他文化价值，也来自于它们与其物

---

① 1964年的《威尼斯宪章》提出历史古迹的保护不仅包括单体建筑物，还应包括一定规模的历史环境，即在保护中第一次正式引入了"历史环境"的概念。之后1976年的《内罗毕建议》中"历史地区"概念的提出，1987年的《华盛顿宪章》中"历史城镇与城区"概念的提出，都是对保护历史环境的理念的进一步扩展和延伸。

质的、视觉的、精神的以及其他文化的背景和环境之间的重要联系。这一点非常重要。"①

自从2005年1月，新的一轮《北京城市总体规划（2004—2020年）》中明确"旧城整体保护"以来，北京市政府进行了一系列努力。其中以世界文化遗产故宫保护"缓冲区"②的制定最为突出。2005年7月这一方案在第29届世界遗产委员会大会上获得审议通过，并从备案之日起正式生效。方案包括故宫保护范围86公顷、缓冲区范围1377公顷，总计面积1463公顷。其中含皇城、什刹海、南北锣鼓巷、国子监等多个历史文化保护区。"站在故宫三大殿的平台上，往四周眺望时，应该看不到任何破坏景观的高层建筑。"这是联合国教科文组织对故宫保护缓冲区实现效果的要求。缓冲区内将限制对历史街巷和传统民居的大拆大建，禁止建设高度超过9米的新建筑，并逐步整治不符合规定的建筑。近两年来在缓冲区内开展了一系列保护整治项目，如缓冲区内的市房管局六层办公楼，由于与周边风貌不协调，而拆掉了上面三层，为缓冲区的实施开了个好头；地安门商场也做了类似的降层处理，改善了传统中轴线的景观；作为国家重点文化工程的国家话剧院，为了符合缓冲区的要求，选址从原定于地安门外大街东侧的位置撤出，另觅新址建设。"旧城保护在当前的确困难重重，但大方向一旦理顺，克服短期困难就会转入康庄道路，并且越走越宽。如果畏难、怕事，畏缩不前，旧城就再难有复兴之策"③。

---

① 赵中枢：《城市规划要尊重历史环境——访中国城市规划学会资深会员、中国科学院院士侯仁之》，载《中国建设报》，2006-09-26（2）。
② "缓冲区"是指在世界文化遗产周边的规定范围内保持其周围原有的历史环境的区域。
③ 吴良镛：《总结历史，力解困境，再创辉煌——纵论北京历史名城保护与发展》，350页，部级领导干部历史文化讲座，2004。

（二）"文化遗产"与"文化资源"

我国在几千年的封建社会中，也曾在特定人群内保持着收藏古董、保护古物的优良传统。然而"从根本意义上来说，所有这些都未冲破古玩、古董专供少数人把玩自赏或附庸风雅的局限。至于深藏宗庙、殿堂以至在争战中胜者'俘厥宝玉'，败者'载宝而行'的历史现象，更是视文物为权力、财富、神圣的象征，不能同今天的文物保护同日而语"①。今天，我们认识到文化遗产的深层价值难以用经济价值衡量。文化遗产保护对于城市经济和社会发展的贡献往往并不是简单投入和直接产出的关系，相对于工业、农业、商业等传统产业，文化遗产事业的贡献难以直接统计，特别是与一些新兴产业相比，其综合效益更不容易使人们清楚地认识。但是，今天人们仍在执着地思考和研究文化遗产事业对国民经济和社会发展的贡献和促进作用。希望填补长期以来缺乏文化遗产事业的综合贡献测算和定量标准体系的空白，为各级政府及相关机构提供决策依据，使文化遗产事业确立在社会上应有的地位，让社会更加理解、支持文化遗产保护，从而达到文化遗产保护事业与社会经济的同步发展。

人们已经越来越认识到文化遗产的多重价值的重要性和必要性。世界各地的政府在制定相关文化政策时，不可回避地要考虑投入维护文化遗产可能带来的综合效益。社会学家、经济学家们运用社会学、经济学的原理、方法和模型来评估文化遗产的价值，研究探讨维护文化遗产的成本和潜在的效益，帮助政府制定合理的文化经济政策。人们普遍认为，合理利用文化遗产，向社

---

① 谢辰生，彭卿云：《文物大国的危机》，中国文物学会通讯（1），15 页。

会提供各种文化服务，不仅提高人们的生活质量，更好地履行保护文化遗产的使命，同时还为提高社会的就业率，提高国民的收入做出贡献。在城市文化的公共性日益加强的今天，文化遗产已经不只是少数专业工作者呵护的对象，而是融入了社会生活，在保护中利用，在利用中进一步诠释和丰富它们的历史、科学及艺术价值。保护文化遗产不应排斥对其合理利用，而且合理利用恰恰是最好的保护。仅仅把文化遗产当作是一件珍稀物品"保留下来"是不够的，更重要的是发掘文化遗产中的精髓，将其转化为服务于人类现代生活的文化资源。1967年英国颁布的旨在保护城市文化遗产的《城市文明法》，原文直译就是"有关市民舒适、愉悦的法律"。文化遗产保护可以促进城市文明素质提升。

保护永远是第一位的，只有在保护的基础上，才能谈得上合理利用。那么，怎样才能有效地保护和妥善地利用文化遗产，并将它们转化为服务于现实生活的文化资源呢？文化遗产成为文化资源是有条件的。尽管文化遗产的形态成分各有殊异，价值作用各有所别，但是均应按其不同的特征与属性，实施相应的保护措施，包括开展文化遗产的普查、登记、记录、整理、研究、展示、利用、传承等措施，实现继承和弘扬的目的。虽然文化遗产为世人所珍视，受到国家的保护，但是在它们的文化内涵未被阐释的状态下，在人们正确认识、理解和利用它们之前，文化遗产并不能自行转变为可以为人类生存服务的文化资源。正是由于文化遗产机构和专家的努力，通过对文化遗产进行系统的记录整理和深入研究，才使其文化内涵得以逐渐揭示，并采取生动通俗的方式向社会广泛传播，正是这一系列努力，创造了文化遗产向文化资源转化的条件。

对于一座城市来讲，保护文化遗产不仅仅是为了保存珍贵的物质遗存，用作展览、旅游，开展文化活动，而是为城市的未来保存历史，为城市的发展保存文化资源。一座城市经济越发达，社会文明程度和现代化水平越高，保护文化遗产就越显重要。文化遗产的未来价值之所以会越来越高，是因为人们对文化遗产所凝聚的历史文化内涵有一个逐步认识的过程。在转型期，人们对于真正的生活质量、文化品位等还普遍缺少正确的认识，文化遗产对广大民众的吸引力更有一个逐步提高的过程。文化遗产价值会随着市民综合素质的提高而提高。人们的知识水平、鉴赏水平越高，从文化遗产所获取的文化信息就会越多，得到的艺术享受就会越多，便会越来越喜爱文化遗产。经济发展水平越高，人们便会越有经济实力和休闲时间来欣赏文化遗产。"人们已经开始注意他们的现有环境，喜欢并欣赏它们。城内早先趋向于投资减缩，放弃的地段正在修复，并将得到充分的利用。保护能提供经济利益，因为这样不仅能吸引旅游者，而且还节省了昂贵的自然资源，否则那些资源就会被浪费。城市因而变得更加多姿多彩和令人感兴趣"[①]。保护历史性城市也不仅是为了留下城市的建筑精华和城市景观，而是通过保护这些文化资源，滋养出具有鲜明的传统文化与地域文化特色的文化城市来。

值得注意的是，文化遗产包括物质的和精神的两方面内容。文化遗产转化为文化资源的障碍，往往是因为对于文化遗产的认识过于物质化。因此，关于文化遗产保护，长期以来存在着一些不正确的看法，认为文化遗产保护和城市发展是一对不可调和的

---

① [美]凯文·林奇：《城市形态》，184页，林庆怡，陈朝晖，邓华译，北京，华夏出版社，2001。

矛盾，城市发展势必要牺牲文化遗产，文化遗产迟早要成为城市发展的弃物，保留只是暂时的，当城市发展需要时必然会让路于城市开发建设。目前这种认识仍然大有市场，并经常被来自城市决策者的错误决策和房地产开发商的野蛮开发行为付诸实践。应该说，这种认识既缺乏正确城市发展理念，也缺乏对文化遗产价值的全面理解。随着人们文化生活质量的提升，今天真正有价值的文化遗产的损毁，必将成为明天市民永久的遗憾。从世界历史性城市的发展趋势看，文化遗产保护与城市现代化发展并不矛盾，处理得好反而相辅相成、互相促进。城市现代化的方方面面都不可能凭空而降，它的每一项因素都离不开文化，历史与现代是继承与发展的关系。法国人认为巴黎不仅是文化艺术的保存地，更重要的是人类文化艺术精华的创新地。这些文化遗产构成一个城市的文化资源，成为跨越历史与时代的精神主题。一个文化本位的城市，是有价值的城市，同时，这个城市的经济社会发展也必然充满活力。因此，文化遗产应该作为城市发展的文化资源，作为创造文化城市的基础。

如果只把文化遗产当作一种经济资源和物质财富，人们就会随心所欲地处置它们；如果把它们视为珍贵的文化资源和精神财富，人们就会永远保护它们，以它们为伴，以它们为荣，甚至把它们作为生命的重要组成部分。人们还将进一步认识到文化遗产不仅属于当代人所有，更属于后代子孙。我们只是后代委托的文化遗产保管人，我们无权定夺它们的命运。在美国，面对城市规模和高速公路的不断扩展，文化遗产的流失速度不断加快，或遭受实质性的改变并受到忽视。对此，联邦政府认为，现有的保护计划无法确保其后代拥有真正的欣赏及享用国家丰富遗产的机会，于是在2000年修订了《国家历史保护法》。该法规宣称，为了给美国人民以方向感，联邦的历史与文化基础应被视作我们公共生活与发展的组成部分得以留存；对不可替代的历史财富的保护符合公众利益的需要，所以它们在文化、教育、美学、经济和精神等方面的价值，将为了美国的后代而得到保存和丰富。该法规将文化遗产保护的目的定位于公众利益和后代利益，具有鲜明的特色。

（三）"政府保护"与"全民保护"

文化遗产保护需要文物工作者和文物管理部门以"守土有责"的精神承担起庄严使命，更需要广大民众的积极支持与配合。我们面对的保护对象，往往经过了数十年、上百年，甚至上千年的风雨历程而有幸留存至今，文化遗产本体往往早已满目疮痍，其原生环境也发生了天翻地覆的变化。但是我们不能忽视另一方面的变化，伴随原有生产、生活方式的消失，一些文化遗产对于民众来说渐渐难以理解，随着时光流逝，当地民众与文化遗产之间的相互关联日渐疏远，文化情感日趋淡漠。对于前者，我们正在努力通过保护技术和工程手段竭力遏制文化遗产及周围环境的进一步破坏和恶化，而对于后者，当地民众与文化遗产之间的"关联疏远"和"情感淡漠"，却往往没有引起重视。例如当我们在村庄附近的考古现场拉起禁入线，竖起"发掘现场，请勿入内"牌子，随后进行考古发掘的时候，是否曾想到深埋地下的文化遗存，与村庄中的民众之间可能存在的某种联系；当我们小心翼翼地将这些出土文物运离当地的时候，是否曾想到应该对村庄的民众进行某种方式的展示和宣传，使他们了解我们工作的意义。这不仅仅是维护他们应有的权利，更能使他们在今后的人生中对家乡充满敬意和自豪，让他们的后代对故乡充满敬爱和自尊。再例如当我们进入一个社区进行文物建筑修缮的时候，是否曾想到这组建筑在社区民众心目中的地位和它们与社区民众有哪些情感关联；当我们完成修缮工程准备离开的时候，是否曾想到应该将此次对文物建筑的处置情况进行详细记录，正式出版后反馈给社区和民众，不但使他们理解我们修缮工程所遵循的理念，而且让社区的民众在今后的生活中自觉成为这组文物建筑的捍卫者和守护神。

要积极倡导民众应当成为文化遗产保护的知情者和受益人的理念，无论是在历史文化街区和历史文化村镇的保护事业中，在考古发掘和文物建筑修缮等工程中，在博物馆建设和陈列展示等工作中，都应该积极取得广大民众，特别是当地居民的理解和参与。只有民众用心地、持久地自觉守护，才能维护文化遗产应有的尊严，而只有享有尊严的文化遗产，才能具有强盛的生命力，才能成为社区的骄傲。正如苏东海先生所指出："文化遗产是有情感内涵的，不论是文化遗产形成过程中蕴含着的固有的情感，还是人们对它的情感的共鸣，文化遗产的情感价值都应该引起更多的重视。"[1]但是，我们往往并没有把"沟通关联"和"培育情感"作为文化遗产保护工作的应尽职责。事实上，这种关联疏远和情感淡漠正在造成民众与文化遗产之间距离感的加大，其后果严重地影响着文化遗产事业的持久健康发展。尤其是在当前文化遗产面临"前所未有的破坏"的关键时刻，文化遗产更无法藏身于世外桃源或自外于当代社会，保护也不意味着与当地民众和当代生活的隔绝与封闭。每一处文化遗产的兴衰，都应和民众的

---

[1] 苏东海:《文物与历史——兼谈博物馆的学术研究》,载《中国文物报》,2006-02-10(5)。

利益息息相关，都应牵动着千家万户。只有大量当地民众积极投入到维护自己的文化遗产的事业之中，才能变"少数的抗争"为"共同的努力"，文化遗产保护事业才能取得实效。

我国民众是有觉悟、讲感情的。近几年，连续发生在宝鸡地区的一幕幕动人心弦的事件就充分证明了这一点。在前述王宁贤等5位农民发现珍贵文物及时报告文物部门的事迹广为传播后，2003年至2006年的短短4年中，在同一地区又连续出现了11批农民群体在生产劳动中发现文物后，自觉报告文物部门或上交国家的典型事例。一次次令人们兴奋不已的不仅是那些出土面世的稀世珍宝，更是那些朴实无华的护宝农民群体，是他们的高尚行为铸就了震撼人心的"农民护宝精神"。在震撼和感动之余，有记者问：是什么让这些村民在盗墓猖獗、盗卖倒卖文物盛行的今天，能够抵御金钱的诱惑，为我们保留了这一方净土？记者自答：原因很简单，这里是周礼的故乡，是中国传统文化的发源地。在这块神奇的土地上，从古至今出土的大量精美至极的国宝，所体现的是厚德载物、自强不息的民族精神。长期生活在这种氛围中的宝鸡人，形成了爱国护宝的意识。今天，这些可敬可赞的农民的护宝行动，反映的正是民众自觉自愿的保护意识和无私奉献的高尚情操。

长期以来，我国政府是最强有力的保护主体，"自上而下"的保护机构和行动贯穿于文化遗产的保护事业之中。相比之下，在政府保护的同时，充分调动民众的积极性加强文化遗产的保护，早已成为世界各国的普遍做法。特别是一些发达国家，在政府的引导下，民间力量对文化遗产保护发挥着越来越重要的作用。1979年，国际古迹遗址理事会澳大利亚委员会通过了《巴瑞章程》（Burra Charter）。章程在吸收《威尼斯宪章》精神的同时，结合澳大利亚的情况对文化遗产保护做出规定。其基本主张是强调古迹遗址的价值不仅包括其物质形式本身，而且包括其内容和对社区的意义。因此做出关于文化遗产的任何决定都应充分理解其所具有的文化价值，以及其合理利用对于社区的重要性。在我国，广大民众也有参与文化遗产保护的良好愿望。2005年10月18日，国际古迹遗址理事会第15次大会在西安市召开，当日理事会收到了一封来自北京的信，信件陈述了对于北京现有胡同状况的忧虑，认为北京历史城区所剩无几的胡同和四合院正在一天天地减少，而幸存的也受到高楼大厦与建筑工地的包围和威胁。信件同时呼吁，希望通过此次大会，能够真正加大保护中国的历史建筑、历史文化名城的力度。北京四中高二年级"北京文化地理"选修课的10位学生是这封信件的发起人，信件内容在大会委员中引起了强烈共鸣[1]。文化遗产保护需要民间力量的支持。

今天，珍惜和保护文化遗产的境界与能力，已成为国际社会对国民素养的评价标准之一。因此，必须使民众在生产、生活中不断加强对文化遗产价值和意义的了解，增强自觉保护意识，进而影响和带动更多的民众来关注、参与文化遗产的保护。"与文物对话就是与历史本身对话，感受文物蕴藏的喜怒哀乐，就是对历史情感的进入。这是文物的特殊的历史价值之所在，是口碑和文本所达不到的"[2]。但是我们不能不看到文化遗产往往会被包装得高深、虚玄、甚至神秘，"锁在深闺人未识"。实际上，文化遗产是大众的，它们为大众所创造，也应为大众所了解。而要做

---

[1] 章剑锋：《北京胡同濒绝》，载《中国经济时报》，2005-11-09（15）。
[2] 苏东海：《文物与历史——兼谈博物馆的学术研究》，载《中国文物报》，2006-02-10（5）。

到这一点，就需要文化遗产保护工作者放下身段，经常与民众进行平等的交流，积极向他们讲述文化遗产的过去、今天和未来，用平民化的方式说明自身工作的意义，这样才能让民众了解文化遗产与他们今天物质与精神生活之间的密切关联，使文化遗产保护能够为民众所理解。在这些方面学术大师早已做出示范，"贾兰坡先生很早就出版了关于北京人的科普读物并被翻译成外文；考古学泰斗苏秉琦先生最后的著作《中国文明起源新探》以通俗易懂的形式总结了毕生研究所得，被他自称为'一本我的大众化的著作，把我一生的所知、所得，简洁地说出来'，是向大众的一个交代；另一位中国科学院院士吴汝康的《人类的过去、现在和未来》被收入'名家讲演录'的科普系列书系，向公众介绍关于人类起源与进化方面的知识"[1]。文化遗产应该在民众的理解、观赏和分享中被保护、被利用和被传承。

综上所述，一座城市中现存的文化遗产往往可以构成一部物化了的城市发展史，是城市灿烂文化的稀世物证和重要载体，也是市民与遥远祖先联系、沟通的唯一物质渠道。文化资源的积累是一座城市文化品位的重要表现，也是一个城市文化个性的生动体现。文化遗产作为城市文化特征的载体，对它们的保护就是对文化资源的丰富。文化遗产保护作为一项庞杂而系统的社会工程，其性质和内容都决定了它无法成为一门孤芳自赏的学科，而必然受到民众广泛的关注。文化遗产只有通过合理地发挥作用，通过特定的方式被大众所关注与分享，才会得到可持续的保护，也才会具有更加强盛的生命力。

---

① 郭立新，魏敏：《初论公众考古学》，载《东南文化》，2006（4），54 页。

关于加强北京宣南地区文化遗产保护的提案①

（2008 年 3 月）

    北京是一座有着3000多年建城史和800多年建都史的世界著名古都，也是举世闻名的历史文化名城。宣南地区是北京历史城区内文化遗存最集中、最丰富的地区，是古都悠久历史文化的重要组成部分。这里发现了大量古河道、古渠道以及辽金时期的道路和建筑遗址，拥有极其丰富的地下文物埋藏。这里也是北京会馆建筑最为集中的地方，约占北京地区会馆总数的七成左右。这里还有大栅栏地区的老字号店铺、天桥地区的老北京民俗、琉璃厂地区的悠久文化商业、牛街地区的古老民族建筑等大量文化遗迹。侯仁之先生曾题词："宣南史迹，源远流长，周封蓟城，金建中都，古都北京，始于斯地。"吴良镛先生也认为，在北京历史文化这个长卷中，宣南史迹因历史久远、类型众多、内涵丰富而具有特殊的价值。戴逸先生则认为宣南地区是"京师文化之精华"。

    多年来，北京市为保护各类文化遗产做了大量的工作。先后开展了三次全市范围的文物普查工作，陆续公布了六批市级文

---

① 此文为在全国政协十一届一次会议上的提案，联名提案人：杜滋龄 张和平 王书平 韩书力 耿其昌 孙丽英 尼玛泽仁 杨力舟 郭瓦加毛吉 陈力 仲呈祥 陈立德 宋祖英 秦百兰 宋春丽 侯露 夏燕月 张学津 张健 田军利 崔建华 阿拉泰 李素华 徐翔 汪文华 吴祖强 冯英 刘敏 黄宏 赵秀云 董良翚 赵维绥 王立平 冯骥才 范迪安 张廷皓 王川平 李世济 覃志刚 冯小宁 王成喜 杨春霞 张海 傅磬。

物保护单位。形成了国家、市、区县三级文物保护体系。特别是市政府拨款抢修了大批文物建筑，基本缓解了地面不可移动文物年久失修、隐患严重等问题。最近，新上任的郭金龙市长在考察宣南文化博物馆时，强调必须加强对历史文化街区和古都风貌的保护。强调历史文化街区的保护要和改善民生、疏解人口结合起来，在推进过程中不要沿用简单的房地产开发模式。目前，北京的文化遗产保护工作正在不断深化，日益发展。

为促进北京宣南文化遗产的保护，提出以下建议。

（一）加强城市考古工作

开展城市考古是城市化过程中加强文化遗产保护的重要措施。宣南地区是典型的"重叠式"的城市地区，拥有大量地下实物遗存，是研究燕京地区发展的重要考古资料，可为北京的城市规划、文化发展、历史研究和城市建设提供重要的基础性资料和直接证据。建议将宣南地区整体列为地下文物埋藏区，并加强相关城市考古工作。采取措施加大对地下文化遗存的保护力度。在该地区进行城市建设工程时，严格执行相关法规，在实施建设工程之前开展必要的文物影响评估，以及考古调查、勘探、发掘和保护工作，将地下文物保护列为该地区建设工程项目立项审批时的前置条件。同时加大与相关规划、建设部门的密切配合和沟通，争取理解和支持，为开展城市考古创造良好的工作环境。

（二）加大对会馆建筑的普查和保护力度

结合正在进行的第三次全国文物普查，重点做好宣南地区会馆建筑的全面普查、登记，确定其历史渊源以及历史、艺术、科学价值。对于具有一定文物价值的会馆建筑，应根据其价值公布为相应级别的文物保护单位，并采取强有力的保护措施，加大文物本体维修力度，改善文物周边环境，根本改变这一地区会馆建筑的保护状况。同时建议按照《北京城市总体规划》和国务院有关批复精神的要求，积极探索旧城保护和更新的模式，停止大拆大建式旧城改造，坚持小规模、微循环、渐进式的有机更新原则，赋予会馆建筑以新的文化功能，融入市民文化生活。

（三）开展宣南老字号的研究和保护

宣南地区不乏一大批闻名遐迩、各具特色的老字号名店，瑞蚨祥的绸缎、盛锡福的帽子、内联升的布鞋、荣宝斋的字画、戴月轩的毛笔、一得阁的墨汁、全聚德的烤鸭、都一处的烧卖、同仁堂的中药……这些老字号与市民的社会生活有着千丝万缕的联系，满足着人们广泛的物质生活和精神生活的需要。每一家老字号都有数十年甚至数百年的发展史，代代相传。这些老字号所创造的文化，有着古远的历史渊薮和深远的文化内蕴。它们首先是文化殿堂，然后才是商业设施。它们不但是构成文化遗产的物质要素，而且是非物质文化遗产的活态单元。妥善保护这些老字号可以扩大宣南地区的文化含量，而如果失去了这些老字号，就将失去与其他地区不同的一份独特文化风貌。为此建议，将老字号的保护和发展纳入各项规划之中，在分区规划中突出老字号的地位和作用，对老字号集中区域进行重点分析，建立相应的法规和管理规定，对有特色的传统商业街区和有价值的老字号，通过立法的形式加以保护。特别是对拥有50年以上历史的老字号给予特别关注，作为重点保护对象。涉及国家重点建设工程和重要市政工程，确需对老字号实施拆迁的，也应在规划中给予重新选址安排，并尽可能考虑安排在原址附近。对于那些具有行业代表性和极具地方特色，但因不合理拆迁而消失的老字号，应逐步加以恢复，重新挂匾开店。

在首届"中国历史文化名街"推介活动专家座谈会上的发言

（2008 年 7 月 24 日）

　　很高兴在《历史文化名城名镇名村保护条例》7月1日实施后，这么短的时间内与大家一起座谈历史文化街区的保护问题。1982年《文物保护法》将历史文化名城纳入保护范围，2002年修订的《文物保护法》又将历史文化街区、村镇纳入保护范围，这一变化体现了国家文化遗产保护的视野已经从单体文物或古建筑群拓展到了历史文化名城、街区和村镇。自1982年至今，全国共公布了109个历史文化名城、290个历史文化名镇、239个历史文化名村，对继承和弘扬中华民族优秀传统文化，发挥了积极的作用。《历史文化名城名镇名村保护条例》出台，给文化遗产保护和城市文化建设带来了新的机遇。我们要抓住这个机遇，与有关方面共同努力，同时动员广大民众积极参与，在城镇化进程中和新农村建设过程中，保护好历史文化名城、街区、村镇，并使保护的成果惠及广大民众，使我国的城市发展步入科学、和谐的轨道。

　　20世纪中叶以来，历史城镇、历史村落的保护就逐渐受到国际社会的关注。目前，列入联合国教科文组织《世界遗产名录》的项目中，有半数以上属于历史城区或历史街区，它们往往既保持有完整的历史风貌，又具有现代化的生活基础设施，成为令人向往的文化圣地。而在我国已有的世界文化遗产中，历史城区、历史街区和传统民居建筑群等类别的文化遗产项目则较少。

在我国城市化加速发展的进程中，包括历史文化街区在内的城市文化遗产保护面临严峻的挑战。改革开放以来，我国仅用30年的时间就完成了西方国家经历三四百年时间才完成的现代城市格局。现在全球有50％的人口居住在城市，到2010年，中国城镇人口将达到6.3亿左右，城市化水平达到45％左右。城市化体现了国家现代化、经济快速发展、民众生活明显改善等改革开放的成就，同时也带来了住房、交通、环境、社会问题等一系列城市发展难题。特别是城市化进程中大规模的"旧城改造"运动，决定性地改变了众多历史性城市的原有面貌，导致千城一面，功能趋同，城市历史记忆消失，城市精神缺失，城市文化特色出现危机。现代化不仅仅意味着具备完善的基础设施、良好的生态环境，更要拥有深厚的文化底蕴和内涵。应将文化遗产作为构建城市特色、作为构建城市形象的基础，要让历史文化遗产成为城市、村镇可持续发展的资源和动力。

解决城市历史文化保护中存在的危机，一要强化国家的管理责任，充分发挥政府在文化遗产保护中的主导作用，强化地方政府的责任。要通过贯彻落实《历史文化名城名镇名村保护条例》，使地方政府深刻认识文化遗产作为稀缺的文化财富，是当地经济社会实现全面、协调和可持续发展的宝贵资源和不竭动力。应站在战略的角度看待文化遗产保护问题，以科学发展观为指导，正确处理经济社会发展中的文化遗产保护问题，避免把文化遗产视为"包袱"的短视行为。二是要强化公众参与保护的机制。随着我国社会经济事业的迅速发展，民众自觉参与文化遗产保护等社会公共事务的意识逐渐增强，参与的范围和深度日益扩大。文化遗产植根于特定的人文和自然环境，与当地居民有着天然的历史、文化和情感联系，这种联系已经成为文化遗产不可分割的组成部分。我们必须尊重和维护民众与文化遗产之间的关联和情感，保障民众的知情权、参与权、监督权和受益权。同时充分发挥民众监督作用，把文化遗产保护工作置于全社会的关注和监督之下。媒体监督和公众参与，是历史文化名城名镇名村保护工作的重要力量。

我很高兴地得知，中国文化报社抓住《历史文化名城名镇名村保护条例》颁布实施的契机，筹划"中国历史文化名街"推介活动，希望这一活动能够成功举办，产生积极广泛的社会影响，得到包括社区居民、地方政府、专家学者等社会各界的关注与支持，有效地调动社会力量参与文化遗产保护事业。

首届中国历史文化名街	
北京市国子监街	街道全长669米，平均宽11米，距今已有700年历史。街区内集中了国家级文物保护单位国子监、孔庙等大量历史文化遗产，是北京保留下来的唯一一条牌楼街。
陕西省晋中市平遥县南大街	南大街位于古城中心，古城以南大街为中轴线，遵循"左文庙、右武庙、左城隍、右县衙"的格局。所以南大街是全城的脊梁。
黑龙江省哈尔滨市中央大街	中央大街北起松花江畔的防洪纪念塔，南至经纬街，全长1450米，宽21.34米，其中车行方石路宽10.8米。
江苏省苏州市平江路	平江历史文化街区是苏州古城内迄今保存最为完整的一个区域，拥有世界文化遗产耦园和10处省级文物保护单位，以及64处苏州市控制保护古建筑等众多历史文化遗产。
安徽省黄山市屯溪老街	屯溪老街具有历史的真实性、风貌的完整性、生活的延续性，屯溪老街是徽文化生态保护试验区一个重要节点，在历史街区的保护中有典型性和代表性。
福建省福州市三坊七巷	三坊七巷地处福州市中心，总占地面积38.35公顷，基本保留了唐宋的坊巷格局，保存较好的明清古建筑计159座。
山东省青岛市八大关	八大关建筑最早于20世纪初由德国建筑师设计建造，以后美、俄、日等国建筑师及中国建筑师陆续设计建造，至20世纪40年代基本完成。
山东省青州市昭德古街	青州昭德古街商贾云集，繁荣昌华。明清时期，这里是古青州最繁华的地段，也是附近地区商品集散地之一，每年接待来自五湖四海的宾朋和客商。
海南省海口市骑楼街（区）（海口骑楼老街）	海口的骑楼建筑群初步形成于19世纪20—40年代，距今有100多年历史，其中最古老的建筑四牌楼建于南宋，至今有600多年历史。
西藏自治区拉萨市八廓街	八廓街，是一条因大昭寺而发展和建设起来的集社会、文化、宗教和商业等功能于一体的古老街道，至今已有1300多年历史。在这里，宗教与世俗、传统与时尚、精神与物质相得益彰，散发着和谐而统一的魅力。

我国文化遗产保护的发展历程①

（2008 年 9 月）

进入21世纪，面对蒸蒸日上的经济社会发展形势，人们开始关注文化遗产的保护。文化遗产保护概念不断扩大，保护理念也不断深化。今天，文化遗产保护已不再是单纯的物质文化遗产的保护，而是更多地立足于对自然生态环境、历史变迁轨迹、人的内心世界的尊重。因此，重新认识人类社会复合系统中的文化遗产保护，是新的时代赋予我们的重要任务。

一、早期文物保护理念的形成

我国素有保护古代遗物的悠久传统，正像商周时期的青铜器上常见铭文"子子孙孙永葆用"所表达的理念，人们在祈愿江山社稷世代相传的同时，对前朝的珍贵器物，也有了妥善保存，永续利用的愿望。商周时期，皇室、贵族宗庙内"多名器重宝"，保存着为数不少的青铜器、玉器以及其他前朝的遗物。汉代皇室收藏亦十分丰富，"创置秘阁，以聚图书"，其中既有典籍，也有绘画。但是，长期以来统治阶层只是将这些器物看做赋予其政权合法性的某种依据，或仅为满足个人私好。唐代文化繁盛，从此时的诗句"每著新衣看药灶，多收古器在书楼"（张籍《赠王

---

① 此文发表于《城市与区域规划研究》第 1 卷第 3 期，第 24 页，2008 年 9 月出版。

秘书》）、"唯爱图书兼古器，在官犹自未离贫"（朱庆馀《寄刘少府》）中可以看出，当时文人雅士热衷于收藏和鉴赏前朝器物。宋代文化再兴，被视为中国考古学前身的金石学，即形成于北宋时期，主要是以青铜器和石刻为主要对象，进行比较系统的分类、著录并加以考证和研究。北宋曾巩的《金石录》最早使用"金石"一词；吕大临的《考古图》及《考古图释文》是现存最早而较有系统的古代器物图录；赵明诚的《金石录》著录金石拓本已多达两千种。至南宋，无论是钱币、玺印、铜镜，还是画像石、砖瓦等物均有著录。于是，金石学开始在我国成为专门之学，为研究五代以前，尤其是研究商、周、秦、汉史，提供了宝贵的资料。

"文物"一词在我国出现较早，最早见于战国初期成书的《左传》。《左传·恒公二年》中有"夫德，俭而有度，登降有数，文物以纪之，声明以发之"的记载；在《后汉书·南匈奴传》中亦有"制衣裳，备文物"的记载，但是从文献记载中可以了解到，"文物"在当时主要是指礼乐典章制度，与现代的"文物"基本是不同的概念。但是到了唐代，杜牧诗"六朝文物草连空，天淡云闲今古同"中所称"文物"即指前代的遗物，其含义已接近于现代所认识文物的概念。从宋代开始，往往将前朝器物统称之为"古器物"或"古物"。在民间，明代和清代初期比较普遍使用"古董"或"骨董"，到清代乾隆年间又有了"古玩"一词。

"文物"准确概念的产生是近代科学兴起与发展的结果。诞生于近代西方的考古学，尝试用科学发掘和断代的办法获取古代遗存，并将那些古代遗存变成科学地复原人类历史和文化的工具，这些古代遗存也就有了"文物"这一具有全新内涵和意义的词汇。在我国，20世纪初通过对古代遗存发掘和研究，重建古代历史的现代考古学出现，才带来了现代意义上的"文物"的概念。这一概念改变了人们对待古代遗存的思维习惯和行为方式，对待古代遗存价值的认识也更多地从"物质"转到了"文化"。

我国在政府层面开始重视文物古迹的保护至今已有百年以上的历史。光绪三十二年（1906年），清廷设民政部，拟定《保存古物推广办法》，通令各省执行。"早在清光绪三十四年（1908年）颁布的《城镇乡地方自治章程》中，就将'保存古迹'与'救贫事业、贫民工艺、救生会、救火会'一道作为'城镇乡之善举'，列为城镇乡的'自治事宜'。这也许才是我国最早涉及保存古迹的法律文件"[①]。宣统元年（1909年），清廷又组织官员、学者调查国内碑碣、造像、绘画、陵墓、庙宇等文物古迹。"全国各地现存之古代桥梁、寺庙，几乎绝大部分均在清代进行过修葺"[②]。博物馆事业在我国发展较晚，1905年民族实业家张謇创建的南通博物苑是我国第一座博物馆。直到1912年民国政府才筹建了国立历史博物馆，1914年在故宫外朝成立古物陈列所，同年，民国政府颁布古物保护法令《大总统禁止古物出口令》。1919年，朱启钤先生在南京图书馆发现宋《营造法式》抄本后，1925年由商务印书馆大量印制，引起国内外学术界对我国古代建筑的重视和研究热情。

我国现代意义的文物保护始于20世纪20—30年代。1922年在北京大学成立以马衡为主任的考古学研究室是我国最早的文物保护相关研究机构。1925年建立故宫博物院。为了维护国家的合法权益，

---

① 张松：《中国文化遗产保护关键词解》，载《中国文物报》，2005-12-16（8）。
② 谢辰生：《文物》，载《中国大百科全书（文物 博物馆）》，北京，中国大百科全书出版社，1993。

更好地保护文物和科学标本，1928年国民政府设立了"中央古物保管委员会"，这是由国家设立的第一个专门保护管理文物的机构。同年内务部颁发《名胜古迹古物保存条例》。1930年6月国民政府颁布的《古物保存法》，这是我国历史上由国家公布的第一个文物保护法规。1931年7月又颁布了《古物保存法细则》，开始将古代建筑纳入文物保护的范畴。1935年，国民政府颁布《暂定古物的范围及种类大纲》，内容涉及古生物、史前遗物、建筑物、绘画、雕塑、铭刻、图书、货币、舆服、兵器、器具、杂物等十二类，其中建筑物又包括城郭、关塞、宫殿、衙署、书院、宅第、园林、寺塔、祠庙、陵墓、桥梁、堤闸及一切遗址。同年，北平市政府编辑出版了《旧都文物略》。近日查阅该书，得知所记录内容颇为宽泛，既包括了"城垣略""宫殿略""坛庙略""园囿略""坊巷略""陵墓略""名胜略""河渠关隘略"等不可移动文物，也包括了"金石略"等可移动文物，甚至包括了"技艺略"和"杂事略"等涉及今日非物质文化遗产的内容，其中不但记录了建筑、造花、篆刻、塑像、绘画以及各项杂艺，而且包括礼俗习尚、生活状况、杂剧评话、市井琐闻等丰富内容。而"坊巷略"中的记载涉及今日历史文化街区保护的相关内容。由此可见，此时对"文物"已经有了初步的整体认识。1935年还成立了专门负责研究、修整古代建筑的"旧都文物整理委员会"。

　　20世纪初，一些开明人士、进步学者认为我国古代建筑为传统文化之精华，应该进行系统调查，整理出版研究成果，使之发扬光大。1929年由朱启钤先生等人发起成立了中国营造学社，其宗旨是系统地运用现代科学方法，对我国古代建筑进行"法式"和文献方面的实地调查测绘和研究考证。中国营造学社内设法式组和文献组，分别由梁思成先生和刘敦桢先生担任组长。从1932至1937年抗日战争爆发前，短短5年时间内，先后对我国137个县市的1823座各类古代建筑进行调查，详细测绘古代建筑206组，绘制测绘图稿1898张。经过长期努力，揭示出古代建筑的历史、艺术、科学价值，编辑出版《中国营造学社汇刊》共7卷22期，并出版《清式营造则例》等专门书刊。直到新中国成立前夕，梁思成先生主持编录了《全国重要建筑文物简目》，其中共登录古代建筑450余处，1949年6月正式出版，被分发到各省市相关单位，对解放战争中的文物保护以及新中国成立后的文物普查发挥了重要作用。其中提出将"北京城全部"作为一个项目列入保护范围，应视为我国历史性城市保护思想的开端。

二、多层次文物保护体系的建立

1949年以后，文物保护作为新中国国家文化事业的重要组成部分由政府统筹进行管理。由政务院以及后来的国务院颁布的一系列有关文物保护的法规，均沿用了"文物"一词，直到1982年《中华人民共和国文物保护法》公布实施，才将"文物"一词及其包括的内容用法律形式固定了下来。"文物是人类在历史发展过程中遗留下来的遗物、遗迹"。"文物是指具体的物质遗存，它的基本特征是：第一，必须是由人类创造的，或者是与人类活动有关的；第二，必须是已经成为历史的过去，不可能再重新创造的"。"当代中国根据文物的特征，结合中国保存文物的具体情况，把'文物'一词作为人类社会历史发展进程中遗留下来的，由人类创造或者与人类活动有关的一切有价值的物质遗存的总称"。"其范围实际上包括了可移动的和不可移动的一切历史文化遗存，在年代上已不仅限于古代，而是包括了近、现代，直到当代"①。

2002年新修订的《中华人民共和国文物保护法》，无论是可移动文物还是不可移动文物，其概念都在不断深化，保护的范围也在不断扩大。经过不断调整充实，形成了目前国家立法保护文物的基本范围，即包括具有历史、艺术、科学价值的古文化遗址、古墓葬、古建筑、石窟寺和石刻、壁画；与重大历史事件、革命运动或者著名人物有关的以及具有重要纪念意义、教育意义或者史料价值的近代现代重要史迹、实物、代表性建筑；历史上各时代珍贵的艺术品、工艺美术品；历史上各时代重要的文献资料以及具有历史、艺术、科学价值的手稿和图书资料等；反映历史上各时代、各民族社会制度、社会生产、社会生活的代表性实物。同时，具有科学价值的古脊椎动物化石和古人类化石同文物一样受国家保护。这一鲜明的文物概念的产生无疑是保护认识上的一次飞跃，也为文物保护事业明确了工作目标和努力方向。

我国不可移动文物保护管理所实行的文物保护单位制度，始于20世纪50年代，1953年10月，为保证在"第一个五年计划"的基本建设工程中做好文物保护工作，中央人民政府政务院及时颁布了《关于在基本建设工程中保护历史及革命文物的指示》。1956年，国务院发布了《关于在农业生产建设中保护文物的通知》，在总结新中国成立七年以来文物保护工作的经验及参考世界各国经验的基础上，提出广泛宣传文物保护政策法令，普及文物知识，开展群众性的文物保护工作，并要求"必须在全国范围内对历史和革命文物遗迹进行普查调查工作"，首先对已知的重要的

---

① 谢辰生：《文物》，载《中国大百科全书（文物 博物馆）》，北京，中国大百科全书出版社，1993。

古文化遗址、古墓葬、革命遗址、纪念建筑物、古建筑、碑碣等，由省、自治区、直辖市人民委员会公布为保护单位，做出保护标志。该文件首次提出"保护单位"的概念。这是在全国范围内进行的第一次文物普查，是文物保护工作中十分重要的一项基础措施。根据第一次文物普查的成果，编印了各省、自治区、直辖市文物保护单位名单，共计7000多处。

1961年，国务院颁布了《文物保护管理暂行条例》，规定各级文化行政管理部门必须进行经常性的文物调查工作，并选择重要文物，根据其价值大小，报人民政府核定公布为文物保护单位。《条例》正式提出"文物保护单位"的名称及内容界定，明确规定根据文物保护单位的价值分为三个不同的保护级别，即全国重点文物保护单位、省级文物保护单位和县（市）级文物保护单位。《条例》的颁布，标志着我国不可移动文物保护单位制度的初步形成。同时，国务院公布了第一批全国重点文物保护单

上海武康路中国历史文化名街揭牌仪式(2011年6月23日)

位180处。1974年8月，国务院颁布《关于加强文物保护工作的通知》，使"文化大革命"期间一批珍贵文物免遭损失。此后，公布文物保护单位成为文物保护的一项重要的基础工作。"文物保护单位是需要一批一批地不断陆续公布的，这是因为一方面文物普查是一个不断反复进行的工作，在文物普查、复查和配合基本建设考古发掘过程中还会不断有新的发现，其中可能很多都是有重大价值的，应该积极加以保护"[①]。

1981年，我国又开展了第二次全国文物普查，参加普查人员9.4万余人，普查的规模和成果都远远超过第一次普查。这是我国由政府组织的规模最大，投入人力、财力最多，成效十分显著的文物调查活动，也是全国范围内文物家底的大调查、大清理，实现了对文物资源的抢救性发现和超常规积聚，对我国文物保护事业的发展起到了巨大的推动作用。在第二次文物普查的基础上，我国共调查登记不可移动文物40余万处，并先后公布了2351处全国重点文物保护单位，8000余处省级文物保护单位，60000余处市县级文物保护单位。

几十年来，文物保护制度不断完善，使大量的不可移动文物依照法定程序公布为文物保护单位，作为保护的重点，纳入有计划的、科学的和法制的管理之中。同时，对文物保护单位的保护管理工作做出了一系列规定，其中包括分级核定公布文物保护单位；划定保护范围，竖立标志说明，建立记录档案，设立保管机构；划出建设控制地带等。目前，文物保护单位分为：古文化遗址、古墓葬、古建筑、石窟寺及石刻、近现代重要史迹及代表性建筑、其他等六大类。其中，古建筑始终被列为文物保护单位中的重要内容，

---

① 谢辰生：《关于认识文物价值的一点看法》，载《中国文物报》，2006-08-04（3）。

并不断得到加强，特别是在历次国务院公布的全国重点文物保护单位中，古建筑所占比例最大，文物保护资金投入量也最多。但是由于全国各地古建筑数量众多，保护状况仍然堪忧。例如以山西南部为中心，东到河北蔚县，西到陕西韩城一带，至今保存有相当数量的宋、金、元和明代早期木结构建筑群，但是未能够引起足够的重视，直到近年才被陆续公布为全国重点文物保护单位。

1982年11月，《中华人民共和国文物保护法》公布实施，这是我国文化领域第一部由国家最高立法机构制定的法律。该法规定，"保存文物特别丰富、具有重大历史价值和革命意义的城市"由国务院核定公布为历史文化名城，建立起了历史文化名城保护制度。国务院分别于1982年、1986年和1994年核定公布了第一批至第三批国家历史文化名城名单，目前数量仍有所增加。历史文化名城制度确立之后，各历史文化名城普遍制定了历史文化名城保护规划，一些历史文化名城制定了专项保护法规。历史文化名城制度的确立，在城市的规划建设和文物保护方面引发了新的思考，即以弘扬城市文化为基点处理保护与建设的矛盾；从传统文化、地域文化的角度，研究城市的生长过程和发展方向。但在实际操作中，历史文化名城保护立法和管理长期滞后。20多年来，尽管多方努力，国家层面的历史文化名城保护法规迟迟未能出台，其间伴随着大多数历史文化名城的保护状况日益恶化，特别是20世纪90年代以来，大规模的所谓"旧城改造""危旧房改造"，对历史文化名城造成了严重破坏，历史文化名城作为整体保护已经普遍失控[①]。

1997年3月，国务院发出《关于加强和改善文物工作的通

① 2008年4月2日，国务院常务会议审议并原则通过了《历史文化名城名镇名村保护条例》，即将由国务院公布实施。

知》，强调要努力建立适应社会主义经济体制要求、遵循文物工作自身规律、国家保护为主并动员全社会参与的文物保护体制；要求各部门各地方做到"五纳入"，即"各地方、各有关部门应把文物保护纳入当地经济和社会发展计划、纳入城乡建设规划、纳入财政预算、纳入体制改革、纳入各级领导责任制"。这对在市场经济条件下加强文物保护具有重要指导意义。2002年10月，新修订的《中华人民共和国文物保护法》公布实施，确立了"保护为主，抢救第一，合理利用，加强管理"的工作方针，为新时期文物事业的发展奠定了坚实的法律基础。该法规定："保存文物特别丰富并且具有重大历史价值或者革命纪念意义的城镇、街道、村庄"，由省级政府核定公布为历史文化街区、村镇，并报国务院备案。在国家层面上建立起了历史文化街区、历史文化村镇保护制度。至此，我国在文物保护领域形成了单体文物、历史地段、历史性城市的多层次保护体系。

江苏梅园新村（2004年3月18日）

留住城市文化的"根"与"魂"①

（2009 年 5 月 22 日）

今天我讲的题目是"留住城市文化的'根'与'魂'"。

城市既是人类文明的成果，又是人们日常生活的家园。各个时期的文化遗产像一部部史书，记录着城市的沧桑岁月，唯有保留下来具有特殊意义的文化遗产，才会使城市的历史绵延不绝，才会使今日人类发展的需求不断得到满足，也才会使城市永远焕发着悠久的魅力和时代的光彩。

今天，我们没有必要担心列入保护的文化遗产数量太多，和全球人类共同的需要相比，和我们子孙后代的需要相比，可供我们选择保护的文化遗产已经不是太多，而是太少。我们应当争分夺秒地既为当代，更为后代，把更多珍贵的文化遗产抢救下来，列入保护之列。

当前，我国处于城市化快速发展阶段，城市建设以空前的规模和速度展开，文化遗产和城市文化特色保护处于最紧迫、最关键的历史阶段。面对种种问题和挑战，每一座城市都必须以文化战略的眼光进行审视，从全局的和发展的角度进行思考和分析，以期得出正确的创新理念。

---

① 此文为 2009 年 5 月 22 日在中央党校的报告。

一、从"功能城市"走向"文化城市"

近30年来，我国城市建设在众多领域取得了举世瞩目的辉煌成就，但是，一些城市在物质建设不断取得新的进展的同时，在城市文化建设方面重视不够。归纳起来涉及八个方面的问题或应该避免出现的情况。由此可以看出加强城市文化建设，避免城市文化危机加剧的紧迫性。

一是避免城市记忆的消失。城市记忆是在历史长河中一点一滴地积累起来，从文化景观到历史街区，从文物古迹到地方民居，从传统技能到社会习俗等，众多物质的与非物质的文化遗产，都是形成一座城市记忆的有力物证，也是一座城市文化价值的重要体现。但是，一些城市在所谓的"旧城改造""危旧房改造"中，采取大拆大建的开发方式，致使一片片历史街区被夷为平地，一座座传统民居被无情摧毁。由于忽视对文化遗产的保护，造成这些历史性城市文化空间的破坏，历史文脉的割裂，社区邻里的解体，最终导致城市记忆的消失。

二是避免城市面貌的趋同。城市面貌是历史的积淀和文化的凝结，是城市外在形象与精神内质的有机统一，是由一个城市的物质生活、文化传统、地理环境等诸因素综合作用的产物。一个城市的文化发育越成熟，历史积淀越深厚，城市的个性就越强，品位就越高，特色就越鲜明。但是，一些城市在规划建设中抄袭、模仿、复制现象十分普遍，城市面貌正在急速地走向趋同，导致"南方北方一个样,大城小城一个样，城里城外一个样"的特色危机。各地具有民族风格和地域特色的城市风貌正在消失，代之而来的是几乎千篇一律的高楼大厦，"千城一面"的现象日趋严重。

三是避免城市建设的失调。城市建设是为了创造良好的人居环境，既包括物质环境，也包括文化环境。而城市规划则是合理配制公共资源，保护人文与自然环境，维护社会公平，弥补市场失灵的重要手段，它的根本目的不仅是建设一个环境优美的功能城市，更在于建设一个社会和谐的文化城市。但是，一些城市在建设中缺少科学态度和人文意识，往往采取单一依赖土地经营来拉动经济的增长方式，导致出现"圈地运动"和"造城运动"。一些城市盲目追求变大、变新、变洋，热衷于建设大广场、大草坪、大水面、景观大道、豪华办公楼，而这些项目却往往突出功能主题而忘掉文化责任。

四是避免城市形象的低俗。城市形象是城市物质水平、文化品质和市民素质的综合体现。既表现出每个城市过去的丰富历程，也体现着城市未来的追求和发展方向。美好的城市形象不仅可以实现人们对城市特色的追求和丰富形象的体验，而且可以唤起市民的归属感、荣誉感和责任感。但是，一些城市已经很难找到层次清晰、结构完整、布局生动、充满人性的城市文化形象。不少中小城市盲目模仿大城市，至今仍把高层、超高层建筑当作现代化的标志，寄希望于在短时间内能拥有更多"新、奇、怪"的建筑，以迅速改变城市的形象，结果反而使城市景观变得生硬、浅薄和单调。

五是避免城市环境的恶化。城市环境是城市社会、经济、自然的复合系统。城市环境与城市的生态发展密切相关，具有高度的敏感性。好的城市环境不但可以保证人们的身体健康，而且可以激发人们的积极性和创造性。今天，研究城市环境的基点应是如何使城市既宜人居住，又宜人发展。但是，一些城市以对自然无限制的掠夺来满足发展的欲望，致使环境面临突出问题：空气污染、土质污染、水体污染、视觉污染、听觉污染；热岛效应加剧、交通堵塞加剧、资源短缺加剧；绿色空间减少、安全空间减少、人的活动空间减少。不少文化遗产地也出现人工化、商业化、城市化趋势。

六是避免城市精神的衰落。城市精神是城市文化的重要内核，是对城市文化积淀进行提升的结果。城市精神的形成是一个长期的过程，并在历史上和现实中发挥着异常重要的作用。通过对城市精神的概括和提炼，可以使更多的民众理解和接受城市的追求，转化为城市民众的文化自觉。但是，一些城市追求物质利益，而忽视文化生态，在城市建设中存在盲目攀比、不切实际倾向。实际上是重经济发展，轻人文精神；重建设规模，轻整体协调；重攀高比新，轻传统特色；重表面文章，轻实际效果。表现出对文化传统认知的肤浅、对城市精神理解的错位和对城市发展定位的迷茫。

七是避免城市管理的错位。城市管理是一项复杂的系统工程，应肩负起对未来城市的责任。通过城市管理不但要为人们提供工作方便、生活舒适、环境优美、安全稳定的物质环境，而且要为人们提供安静和谐、活泼快乐、礼让互助、精神高尚的文化环境，这就需要用文化意识指导城市管理。但是，一些城市在管理内容上重表象轻内涵，在管理途径上重人治轻法治，在管理手段上重经验轻科学，在管理效应上重近期轻长远，不能从更高层次上寻求城市管理的治本之策，问题已然成堆，才采取应急与补救措施。"城市病"的病根在于城市管理缺乏长远的战略眼光，缺乏应有的文化视野。

八是避免城市文化的沉沦。城市文化是市民生存状况、精神面貌以及城市景观的总体形态，并与市民的社会心态、行为方式和价值观念密切相关。城市文化不断积淀与发展，形成城市的文脉。城市的文化资源、文化氛围和文化发展水平，在一定程度上体现出城市的竞争力，决定着城市的未来。但是，一些城市面对席卷而来的强势文化，不是深化自身的人文历史，而是浅薄化自己的文化内涵，使思想平庸、文化稀薄、格调低下的行为方式弥漫在城市的文化生活之中，消解着人们对于优秀传统文化的理解和继承。究其深层次原因，是文化认同感和文化立场的危机。

1933年，诞生了关于"功能城市"的《雅典宪章》，主张以功能分区的观念规划城市，并指出城市的居住、工作、游憩和交通四大功能要协调、平衡发展。这一理念对各地城市规划和发展产生重要影响。但是，人们从实践中逐渐认识到，仅仅依靠功能分区无法解决城市的诸多复杂问题。

城市文化是社会文明在城市的缩影，是社会和谐在城市的集中表现。"以人为本"和"科学发展观"既是治国谋略，更是城市文化的精髓，是实现社会和谐、诚信、责任、尊重、公正和关怀的保证。将这一文化精髓贯彻到城市发展的各项事业之中，才能实现文化与经济发展的良性循环。

适宜居住是和谐城市的重要特征，将城市目标定位为宜居城市，体现了城市建设和发展从"以物为中心"向"以人为中心"的转变，不是片面地追求"形象工程"，而是更关注文化的发展，关心人的发展成长，重视和发挥人的作用。这就对城市的管理者和决策者提出了更高的要求。

城市竞争力是一个综合概念，既包括经济竞争力，也包括文化竞争力。当前，文化竞争力的影响与作用越来越突出，成为推动城市可持续发展的重要力量。在物质增长方式趋同，资源与环境压力增大的今天，城市文化成为城市发展的驱动力，体现出更强的经济社会价值。

文化软实力能够使人们潜移默化地接受文化价值观。当今经济活动依靠的是文化内涵，科研创新依靠的是文化造诣，生产管理依靠的是文化修养，技术掌握依靠的是文化素质，更重要的是依靠民族的文化精神。文化对经济社会的发展起着越来越重要的作用。

当前城市不仅面临文化遗产保护不力问题，也面临文化创造乏力问题。丧失保留至今的文化遗产，城市将失去文化记忆；没有新的文化创造，城市将迷失方向。城市文化必须承载历史，反映城市文化积淀；也要展现现实，反映城市文化内涵；还要昭示未来，反映城市文化创造。

城市文化不是化石，化石可以凭借其古老而价值不衰；城市文化是活的生命，只有发展才有生命力，只有传播才有影响力，只有具备影响力，城市发展才有持续的力量。所以，城市文化不仅需要积淀，还需要创新。只有文化内涵丰富、发展潜力强大的城市，才是魅力无穷、活力无限的城市。

二、从"文物保护"走向"文化遗产保护"

我国目前登录的不可移动文物40余万处，其中有各级文物保护单位7万余处，包括全国重点文物保护单位2352处。我国核定公布110座国家历史文化名城，251处国家历史文化名镇、名村。我国已拥有世界遗产38处，其中世界文化遗产27处，文化和自然混合遗产4处。

我国现有博物馆3200余座，各类博物馆每年举办10000项左右展览，接待观众4亿人次左右。每年有近100项文物展览在世界各地展出。2008年4月，全国的博物馆开始实施向全社会免费开放。民间收藏文物群体逐渐扩大，文物监管旧货市场稳步发展，文物艺术品拍卖行业迅速崛起。

《中华人民共和国文物保护法》明确文物保护实行属地管理、分级负责的行政管理体制，各级人民政府负责本行政区域内的文物工作。2002年10月，新修订的《文物保护法》明确了新时期的文物工作方针，并要求中央和地方财政逐年加大文物保护经费投入力度。

2005年12月，《国务院关于加强文化遗产保护的通知》，是我国第一次以"文化遗产"为主题词的政府文件，表明开始了从"文物保护"走向"文化遗产保护"的历史性转型，文化遗产保护的内涵逐渐深化，更加注重世代传承性和公众参与性；文化遗产保护的范围不断扩大，呈现出若干新的发展趋势。

法国巴黎历史街区（2003年10月12日）

（一）文化遗产保护内涵的深化

世代传承性强调，文化遗产的创造、发展和传承是一个历史过程。每一代人都既有分享文化遗产的权利，又要承担保护文化遗产的责任。人类文明就是在世代的文化创造和积累中不断发展和进步，每一代人都应当为此做出应有的贡献。这种贡献既有自身的文化创造，也包括将文化遗产传于子孙。

作为当代人，我们并不能因为现时的优势而有权独享甚而随意处置祖先留下的文化遗产。未来世代同样有权利传承这些文化遗产，与历史和祖先进行情感和理智的交流，吸取智慧和力量。因此，我们不仅要为当代保护这些珍贵的文化财富，适当地加以利用，还要使"子子孙孙永葆用"。

公众参与性强调，文化遗产保护不是各级政府和文物工作者的专利，而是广大民众的共同事业，每个人都有保护文化遗产的权利和义务。广大民众的支持是文化遗产保护事业赖以存在和发展的决定性力量。如果民众不珍惜、不保护、不传承文化遗产，文化遗产将无法挽回地加快走向损毁和消亡。

我们必须尊重和维护民众与文化遗产之间的关联和情感，保障民众的知情权、参与权和受益权。只有当地居民倾心地、持久地自觉守护，才能实现文化遗产应有的尊严，有尊严的文化遗产才具有强盛的生命力。只有全体民众积极投入文化遗产保护之中，才能使文化遗产保护形成强大的社会意志。

（二）文化遗产保护外延的拓展

一是在文化遗产的保护要素方面，从重视单一文化要素的保护，向同时重视由文化要素与自然要素相互作用而形成的"混合遗产""文化景观"保护的方向发展。文化遗产的产生和发展与所处自然环境密不可分。我国自古以来崇尚人与自然和谐共处，形成文化与自然遗产相互交融的重要特性。

二是在文化遗产的保护类型方面，从重视"静态遗产"的保护，向同时重视"动态遗产"和"活态遗产"保护的方向发展。文化遗产并不意味着死气沉沉或者静止不变，它完全可能是动态的、发展变化的和充满生活气息的。许多文化遗产仍然在人们的生产生活中发挥着重要作用，充满着生机与活力。

三是在文化遗产的保护空间尺度方面，从重视文化遗产"点""面"的保护，向同时重视"大型文化遗产"和"线性文化遗产"保护的方向发展。文化遗产保护的视野已经从单个文物点，或古建筑群、历史文化街区、村镇，扩大到空间范围更加广阔的"大遗址群""文化线路""文化遗产廊道"等。

四是在文化遗产保护的时间尺度方面，从重视"古代文物""近代史迹"的保护，向同时重视"20世纪遗产""当代遗产"的保护方向发展。当前，我国社会生活的各个方面都在发生急剧变化，如不及时对现代文化遗存加以发掘和保护，我们很可能将在极短的时间内忘却昨天的这段历史。

五是在文化遗产的保护性质方面，从重视重要史迹及代表性建筑的保护，向同时重视反映普通民众生活方式的"民间文化遗产"保护的方向发展。例如对"乡土建筑""工业遗产""老字号遗产"的保护。这些过去被认为是普通的、大众的而不被重视，但是它们是文化多样性的重要表现形式。

六是在文化遗产的保护形态方面，从重视"物质要素"的文化遗产保护，向同时重视由"物质要素"与"非物质要素"结合而形成的文化遗产保护的方向发展。物质与非物质文化遗产的区分只是其文化的载体不同，二者所反映的文化元素是统一和不可分割的。因此，必然是相互融合，互为表里。

为什么要提出"从'功能城市'走向'文化城市'"？并不是认为现代化城市不应该重视城市功能，反而，城市必须不断努力满足全体市民的各种功能需求。但是，城市的发展不能仅仅关注经济积累以及建设数量的增长，更要关注文化的发展。城市不仅具有功能，而且应该拥有文化。

为什么要提出"从'文物保护'走向'文化遗产保护'"？并不是简单的词语转换，而是在原有基础上的继承与发展。从古物—文物—文化遗产，反映出人类认识由注重物质财富，向注重文化内涵、再向注重精神领域的不断进步。与文物的概念相比，文化遗产的概念更为宽广、更为综合、更为深刻。

我们相信：21世纪的成功城市必将是文化城市！中国特色文化遗产道路越走越宽广！

广西北海市珠海路骑楼街（2010年3月22日）

在天津"五大道"历史文化街区
保护座谈会上的发言

（2009 年 6 月 8 日·天津）

今天，我们为了落实国务院领导关于文化遗产保护和历史文化名城保护的指示而来到天津。在短短的几周时间，国务院领导多次对于北京、天津和南京等地的文化遗产保护做出批示。一方面，反映出国务院注意倾听来自社会各界的意见，特别是尊重专家的建议；另一方面，也反映出国务院对于当前历史文化名城和文化遗产保护状况的关注和担忧。

经过今天上午陪同专家学者考察，下午又听取了有关部门、专家学者和文化遗产保护志愿者的发言，很有感触。一是几位专家不顾高龄体弱，以对文化遗产的深厚情感和高度的责任心，参加了今天活动的全过程。二是今天专家学者、政府官员、媒体记者、志愿者等能够集聚一堂，共同商议文化遗产保护大计，十分难得。三是市领导前来看望各位专家，用了半天的时间耐心地听取了大家的发言，下面还要做出指示。

下面，我对于天津市保护历史文化名城和"五大道"等历史文化街区谈两点体会。

第一，天津的历史街区和文化遗产在体现城市特色和文化城市建设中具有独特作用。多年来，在与天津市领导和有关部门的接触中，感到大家对于天津的城市性质的认识存在一定局限，就是没有认识到天津是文化遗产资源大市。实际上，天津是和北京、西安、南京等城市一样的文化遗产资源大市。只是天津的主要文化遗产类别与这些城市的主要文化遗产类别有所不同。因为今天对于文化遗产的认识在不断发展，文化遗产不仅是古代建筑、古代遗址，而且包括近代建筑、现代建筑、20世纪遗产；不仅包括宫殿、寺庙和纪念性建筑，而且包括传统民居、乡土建筑和工业遗产；不仅包括单体建筑，而且包括历史街区、历史文化名城。天津是国家级历史文化名城，保留有大量历史街区、传统民居和工业遗产。因此，天津市应该骄傲地自我认定为文化遗产大市，是与北京、西安等城市相比毫不逊色的文化遗产大市。

当前，我国城市建设中最大的问题，就是在大规模的改造中，不少城市失去了特色，失去了历史记忆，造成"千城一面"的城市面貌和环境。天津的文化遗产，表现形式丰富多彩、多种

天津五大道历史街区近代建筑（2009年6月8日）

多样，汇聚着中、西文化及其相互关系的大量历史信息。近代天津开埠后，被辟为通商口岸，逐步发展成为北方繁华的商业城市、水旱码头和海防要塞。从洋务运动开始，这里开设了全国最早的邮政、电报、铁路，建立起具有相当规模的近代工业体系。帝国主义的租界给天津以较深的西方影响，更成为全市的商业中心，其中天津劝业场、利顺德饭店与盐业银行大楼，代表了商业服务业的三种类型，目前均已公布为全国重点文物保护单位。

名人故居也是天津20世纪遗产的重要组成部分。清末民初，政体急剧变幻，从末代皇帝、前清遗老遗少、民国总统总理，到各部总长、各省督军，特别是著名学者、文化名人，云集天津居住，主要集中在租界区内，形成规模较大的故居群落，给城市留下了众多的文化痕迹，在这里发生了一系列重大历史事件，涌现出众多叱咤风云的历史人物，推动和改变了历史的进程。许多历史事件的发生地和名人故居，都成为人们缅怀先贤功绩，追忆历史发展脉络的首选。不少侨居海外和久居外地的人们，回到故乡，在这里重温自己的过去，深切感受故乡浓浓的乡情，加深了对祖国、对家乡的眷恋。

"近代中国看天津"是天津市提出的文化发展目标，我认为其核心是"看"，而天津能够展现给国内外参观者的，不但有具有异国风貌的近代建筑，而且还有与重大历史事件和著名人物有关的史迹、实物和代表性建筑。例如，孙中山、李大钊、周恩来、张自忠等革命先驱，李叔同、梁启超、曹禺、焦菊隐等文化名人的故居、旧居，大部分保留至今，还有一代代普通市民珍贵的生活记忆，它们是历史留给当代的宝贵财富，是其他城市无法复制的文化资源，具有重要的纪念意义、教育意义和史料价值。

　　通过今天的汇报，我们也了解到，近年来，天津市政府和市文物部门，为了保护历史街区和文物建筑做了大量工作。例如，制定文物保护的相关法规，进行文化遗产资源调查，进行文物保护单位抢险修缮，改善历史街区居住环境等。但是，近年来在文物保护方面的问题也引起社会各界，特别是专家学者的关注和批评。例如，2006年9月18日，《人民政协报》的一篇署名文章《历史建筑：天津如何将你留住？》曾经引起社会关注。文章指出：在所谓"旧城改造"中造成文化遗产本体损毁，例如"天津的文化遗产拆毁之多、后果之严重，令人触目惊心。自1980年以来，已经被拆毁的天津市文物保护单位有4个、区县文物保护单位16个、文物点160个，约占全市文物保护单位的1/6"。

　　今天，天津市处于经济大发展、城市大建设的重要时期，也必然是文化遗产保护最关键、最紧迫的历史阶段。进入21世纪，天津市的历史文化街区和近现代建筑遗产和全国很多地方一样，遭到了前所未有的冲击。例如"建于1913年，我国早期重要企业之一的启新洋灰公司；建于1922年，城市标志性建筑之一的音乐厅等，今天只能留存于人们的记忆之中"。2006年8月，劝业场地区的浙江兴业银行旧址及其附近建筑的安危，引起全国文化遗产保护领域专家学者的瞩目。来自清华大学、同济大学和天津大学的九位著名教授为此公开发表呼吁书，"强烈呼吁将原浙江兴业银行建筑列为天津市历史风貌建筑，作为'劝业场历史风貌建筑保护区'内的重要文物原地进行保护"，互联网上也反映出民众的强烈呼声，致使这一建设工程被暂时制止，却已经造成无法挽回的损失。

　　2008年在20世纪遗产保护学术研讨会召开期间，一些专家学者强烈呼吁制止在大沽船厂保护范围内建设城市道路，为此我给张俊芳副市长写了一封紧急求救信，得到了张俊芳副市长的高度重视，很快召开了现场会，修改了原先的道路建设方案，每忆及此，我都对张俊芳副市长充满敬意。今天，我们又看到了"五大道"历史街区范围内贞源里、友善里的数十栋近代建筑被彻底拆除，大约5公顷的历史街区被"推平头式"拆迁夷为平地。

目前，全国各地对于近代建筑的保护越来越重视。2002年7月，《上海市历史文化风貌区和优秀历史建筑保护条例》将列入保护的优秀历史建筑时间标准，由原规定的"1949年以前"扩展至"建成使用30年以上"的建筑，并对保护管理的内容和方法做出了更加明确和细致的规定。上海市政府先后分三批公布了398处、1938幢市级近代建筑保护建筑，总建筑面积达383.3万平方米。成都市将保护近现代建筑的时间截止到1976年，即30年以上的优秀建筑都被纳入了保护范围。至2006年年底，南京市共有248处、320幢重要民国建筑纳入保护范围。2007年7月，西安首次公布新中国成立后代表性建筑为文物保护单位，8处具有代表性的现代建筑列入其中。

在北京、上海、南京和广州等城市的近代建筑群已经列入全国重点文物保护单位，此外青岛八大关近代建筑群、北海近代建筑群、北戴河近代建筑群、鼓浪屿近代建筑群、烟台山近代建筑群、汉口近代建筑群、容县近代建筑群以及庐山别墅建筑群、莫干山别墅群等，也相继列入全国重点文物保护单位。因此，建议应将五大道近代历史建筑群整体公布为全国重点文物保护单位。

"五大道"是天津的宝贵文化资源，是迄今为止在全国范围内保存面积最大、保护状况最完整的同类历史街区。"五大道"

历史文化街区，占地128公顷，区内共有房屋1534幢，111万平方米。其中已确认的历史风貌建筑408幢。由于这里近代建筑遗产布局相对集中，往往互为环境，便于整体保护。今天，应该看到五大道历史文化街区不是城市发展的包袱、负担和绊脚石，而是城市未来发展的资源、财富和动力。

目前，"五大道"范围内公布为市级文物保护单位的仅有15处，区级文物保护单位仅有23处，文物登记点仅有55处。可以看出文物部门对于"五大道"历史文化街区中文物建筑的认定需要加强。应结合正在开展的第三次全国文物普查，对包括"五大道"在内的历史文化街区中的文化遗产资源进行深入调查、登记，公布为相应级别的文物保护单位。正如陈同滨教授所说，对于"五大道"的价值应有正确的评估，作为申报世界文化遗产的资源储备。

关于历史文化名城的保护，国内外都有很多经验教训。例如瑞典前任驻华大使付瑞东先生曾在《人民日报》发表文章，指出瑞典首都斯德哥尔摩在20世纪60—70年代的城市改造中，采取"推平头"方式，大拆大建，在专家的强烈呼吁下，只是抢救下来了不到1平方千米的老城区，但是今天这1平方千米的老城区，人们维持着数百年来的生活，吸引了来自世界各地的参观者，为城市带来了75%的旅游服务业方面的经济收入，人们开始后悔当年的错误决定，没有把更多的老城区保护下来。

在这方面要特别注意，历史街区所要保护的不仅仅是"壳"，而且还要同时保护"根"与"魂"。要将传统街巷、历史建筑和那里延续千百年的传统文化、地域文化、民族文化一起保护，就是刚才志愿者所谈到的，魁北克会议所倡导的"遗产的

瑞典斯德哥尔摩老城（2013年4月3日）

精神"。在"五大道"中有天津市民百年来不同历史时期的生活
记忆，因此历史街区是"活态的"文化遗产。否则，历史街区改
造结束之时，或者我们所认为的"保护"结束之时，天津市民心
目中的"老天津"却没有了。在这方面，北京的南锣鼓巷地区和
福州的"三坊七巷"地区的保护经验值得推广。

　　第二，建议在历史文化名城和文化遗产保护中积极争取广大
民众的理解与支持。在我们来天津调研之前，还有一个小插曲。
昨天上午，我接到秘书的电话，说一些专家建议，今天的调研活
动请几位文化遗产保护志愿者参加，但是，天津市政府有关部门
有不同意见。我就又请秘书了解一下是什么原因不同意文化遗产
保护志愿者参加，但是始终没有得到明确的解释。我想可能是出
于政府机关工作的习惯思维，包括我在内，一直以来，常常认为
政府部门研究工作就是内部的事情，要内外有别。但是，今天对

于文化遗产保护而言，的确应该改变一下思维方式。无论是历史文化名城、历史文化街区的保护，还是文物建筑修缮、博物馆建设，都应该广泛征求社会各界，包括文化遗产保护志愿者的意见，积极争取得到广大民众的理解与支持。

一是今天文化遗产保护领域和保护范围的扩大。大量历史文化街区、历史文化村镇、传统民居、乡土建筑、工业遗产等进入了保护的范围。文化遗产与当地民众的日常生活和工作有着日益紧密的关联，每一位民众的身边，甚至他们居住的房屋、工作的地点本身就是文化遗产，因此广大民众对于文化遗产保护必然愈加关心。反之，如果民众不珍惜、不保护、不传承文化遗产，文化遗产将无法挽回地加快走向损毁和消亡。

二是今天文化遗产保护特别强调公众参与性。文化遗产保护不应该仅仅是各级政府和文物工作者的专利，而是广大民众的共同事业，每个人都有保护文化遗产的权利和义务。我们必须尊重和维护民众与文化遗产之间的关联和情感，保障民众的知情权、参与权和受益权。只有当地居民倾心地、持久地自觉守护，才能实现文化遗产应有的尊严，有尊严的文化遗产才具有强盛的生命力。为此，国务院特别批准设立了"文化遗产日"。

三是今天广大民众是文化遗产保护的强大力量。《国务院关于加强文化遗产保护的通知》中也特别强调了这一点。事实上，今天很多珍贵的文化遗产，都是普通民众在第一时间发现，在第一时间采取保护措施而得到保护。还有很多珍贵文化遗产是在专家学者的积极呼吁下才得以抢救，他们往往比我们各级政府和文物行政部门看得更深远，行动更坚决。因此，广大民众的支持是文化遗产保护事业赖以存在和发展的决定性力量，只有全体民众积极投入文化遗产保护之中，才能使文化遗产保护形成强大的社会意志。

事实上，天津市广大民众有着参与文化遗产保护的强烈愿望。例如2007年，天津市举办了"知家乡文化遗产，爱家乡历史传承"主题活动，组织广大市民参与"天津市十佳不可移动文物"的推荐和评选。组织者首先遴选出分布于全市各区、县，包括古遗址、古墓葬、古建筑、石窟寺及石刻、近现代重要史迹及代表性建筑等在内的104处不可移动文物作为参考名录。之后，由观众通过电话、短信、网上投票等方式进行投票，共收到有效选票100多万张，评选出的10处不可移动文物，作为向国家文物局推荐的申报全国重点文物保护单位的候选单位。在评选揭晓晚会上，积极参与此次活动的市民代表向十佳不可移动文物颁发了证书。这一活动激发了广大公众对文化遗产的兴趣，加强了公众对自己城市文化的了解。同时，通过评选活动人们发现，文化遗产的保护意识已经走进千家万户。

今天，大家特别是在座的各位专家学者发表了很多很好的意见，志愿者也得以参加今天的座谈会，并发表了自己的看法。大家的目标是一致的，都是为了把天津的文物保护好，造福民众、造福后代。建议会后对大家的建议和意见进行认真研究，重新研究历史街区保护与有机更新的有效机制，找出解决问题的好办法。

在中国历史文化名街福州三坊七巷揭牌仪式上的致辞

（2009 年 7 月 19 日·福建福州）

今天，我们聚首八闽之都，隆重举行"中国历史文化名街福州三坊七巷"揭牌仪式，共庆古韵悠长的"三坊七巷"再次获得新的盛誉。

"三坊七巷"，是现今国内保存最完整、最有特色、最具文化底蕴的历史文化街区之一，是福州历史文化名城的核心资源。"三坊七巷"整体布局完整，文物建筑数量众多，规模宏大，建筑工艺精湛，蕴含深厚的历史文化内涵，有着极高的历史、艺术和科学价值。不仅如此，在漫漫的历史长河中，"三坊七巷"还孕育了浩若群星的巨匠先贤，由此形成独一无二的文化特色与文化景观，在海内外享有很高的知名度。跨越千年的历史长河，"三坊七巷"在福州城市演变的进程中，犹如年轮和足迹一般，留下了丰富的物质与非物质文化遗产。它们见证了福州古城历经千载的风风雨雨，记录下福州古城的沧桑巨变，传承着福州古城深厚绵长的城市文脉。近年来，福州市加大"三坊七巷"保护与整治力度，正确贯彻《文物保护法》和相关法规，及时组织编制了《福州市三坊七巷文化遗产保护规划》《三坊七巷历史文化街区保护规划》《三坊七巷文物保护管理细则》等相关规划与规范性文件，探索小规模、渐近式、微循环、居民参与的保护与整治方式，实现历史文化街区的有机更新。同时将非物质文化遗产保护纳入其中，尤其突出福州地方特色戏剧曲艺以及传统工艺。这种在保护物质文化遗产的同时，注意保护历史文化街区生活形态和非物质文化遗产的理念，尤其可贵。

今年"文化遗产日"期间，文化部和国家文物局支持《中国文化报》等新闻媒体，以群众投票和专家评选的方式，评选出十大"中国历史文化名街"，来自全国的140万民众参加了此项活动。在我国众多有着深厚文化积淀、保存完好的历史文化街区中，"三坊七巷"脱颖而出，以最高票成功当选首批十大"中国历史文化名街"，这一结果可喜可贺，表明"三坊七巷"保护与整治方面所取得的成就得到了社会各界的认可与肯定。借此机会，我代表国家文物局再次向为"三坊七巷"保护与整治付出辛勤努力的专家们、朋友们表示衷心的感谢！

三坊七巷入选首批"中国历史文化名街"，恰逢海峡西岸经济区建立之际。在此，衷心祝愿福州市在"保护为主、抢救第一、合理利用、加强管理"的文物工作方针指引下，继续通过科学规划与创新实践，探索历史文化街区保护的体制机制，继续做好"三坊七巷"的保护与整治，使之成为海峡西岸经济社会发展的积极力量，在全国树立起城市经济社会发展与文化遗产保护双赢的成功典范。

在老城保护与整治

——三坊七巷国际学术研讨会开幕式上的讲话

（2009 年 7 月 19 日·福建福州）

今天，来自海内外的专家学者齐聚福州这座美丽的古城，共同探讨如何促进老城保护与整治这一文化遗产保护领域的重要课题。

福州是具有2200年历史的国家历史文化名城，拥有一批闻名海内外的珍贵文化遗产。这些文化遗产积淀和凝聚着深厚的文化内涵，传承着悠久的城市文明。它们是福州城市特色的重要载体，是福州城市文化价值的重要体现。与我国众多的历史文化名城一样，福州在社会经济高速发展的同时，面临着城市经济建设和文化遗产保护的双重任务。如何处理好两者之间的关系，是一个无法回避的问题。因此，在福州这个国家历史文化名城的典型代表城市，举办这次以"老城保护与整治"为主题的学术研讨会，为我们深入探讨和交流相关方面的思路和办法，提供了一个难得的契机。

实践证明，城市经济社会发展与文化遗产保护密不可分。因为，城市不仅仅是人类为满足生存和发展需要而创造的人工环境，更是文化的载体和容器。她积淀着丰厚的文化底蕴，承载着人类文明的精华。从这个意义上说，历史文化名城本身，特别是老城本身，就是文化遗产。一座座老城就像一部部史书，记录着城市的沧桑岁月。而唯有完整地保留老城的文化遗产，才会使城市的历史绵延不绝，才会使城市永远焕发出悠久的魅力和时代的光彩。通过对老城文化遗产的保护，人们才能清晰地了解城市发展的历史脉络，明确城市发展如何立足今天，面对明天，走向未来。

然而近年来，我国老城保护面临的形势不容乐观。当前，我国正处于城市化加速进程中。世纪之交，我国的城市化水平仅为30%左右。2008年，就已经达到了45.7%。照此趋势，预计到2020年城市化水平将达到60%左右。伴随着城市规模迅速扩大，城市经济建设与文化遗产保护的矛盾异常突出。而在老城保护中遇到的问题尤为紧迫，面临的冲击尤其明显。特别是几十年来，我国不少历史文化名城均采取"以旧城为中心发展"的城市建设方式，使城市的老城区处于今天城市中心地带，在巨大的城市空间发展需求和土地供给日益短缺的压力之下，老城必然成为房地产开发激烈争夺的对象。为追求短期经济利益，经常发生破坏历史街

福建三坊七巷历史街区（2009年7月18日）

区、拆毁文物建筑、拓宽传统街巷，甚至对老城实施"推平头"式的开发改造，对城市肌理和文化特色带来不可挽回的损害。

今天，面对上述种种问题和挑战，每一座城市都必须以文化战略的眼光进行审视，认真反思大拆大建式的"旧城改造"和大规模的"危旧房改造"对城市文化遗产所造成的严重后果，探索老城保护的正确理念和新的途径，切实加强城市文化遗产的保护与传承。在每一座历史文化名城中，都应该立即停止对老城的大拆大建行为，充分借鉴国内外成功经验，按照老城区的内在发展规律，顺应城市肌理，在保护老城区整体环境和文化遗存的前提下，建立长期修缮机制，完善市政基础设施，改善人居环境，探索小规模、渐近式、微循环、居民参与的老城保护与整治方式，实现历史城区的有机更新。

要实现这一点，一方面要强化政府的管理责任。各级政府要充分发挥在文化遗产保护中的主导作用，以科学发展观为指导，正确处理经济社会发展与文化遗产保护的关系。要深刻认识老城不是城市经济社会发展的包袱和绊脚石，而是城市全面、协调和可持续发展的宝贵资源和不竭动力。另一方面要强化公众参与保护的机制。今天，我国民众参与社会公共事务的意识逐渐增强，参与的范围和深度日益扩大。老城区与当地居民有着天然的历史、文化和情感联系，这种联系已经成为文化遗产不可分割的组成部分。我们必须尊重和维护民众与文化遗产之间的关联和情感，保障民众的知情权、参与权和监督权，把老城保护与整治，置于全社会的关注和监督之下。

1982年《文物保护法》确立了历史文化名城制度以来，特别是2002年新修订的《文物保护法》确立了历史文化街区制度以来，很多城市都在积极探索老城保护与整治的正确理念与实践，其中福州市"三坊七巷"的保护与整治格外引人注目，取得了积极的进展，获得了宝贵的经验。我认为，"三坊七巷"保护与整治最重要的成果是，使历史文化街区在新的历史阶段真正拥有了自己的尊严，使文化遗产保护融入和促进了城市经济社会发展，使老城保护与整治的成果惠及了广大民众。"三坊七巷"的保护与整治经验还告诉我们，必须从文化角度研究老城的成长过程，以优秀传统文化内涵为基点实施老城保护与整治，这样比单纯从物质角度规划和改造老城，更加符合历史文化名城的发展规律，更加符合广大民众的愿望。实践证明，只有经济社会发展与保护文化遗产两者并重，城市才能获得真正意义的发展。

最后，希望各位与会专家学者通过本次研讨会，共同研讨老城保护所面临的问题和挑战，探寻老城保护与经济社会发展良性互动的思路与模式，共享老城保护与整治的有益经验。

福州三坊七巷历史街区水榭戏台(2013年10月13日)

在中国历史文化名街海口骑楼老街揭牌仪式上的致辞

（2009 年 7 月 20 日·海南海口）

今年"文化遗产日"期间，文化部和国家文物局支持新闻媒体以群众投票和专家评选的方式，评选出十大"中国历史文化名街"。在中国众多有着深厚历史文化积淀、保存完好的历史文化街区中，海口骑楼老街能够入选首批十大"中国历史文化名街"具有特殊意义，表明海南文化遗产保护方面取得的成就得到了社会的肯定。

历史文化街区是文化遗产的重要组成部分。《中华人民共和国文物保护法》《国务院关于加强文化遗产保护的通知》以及《历史文化名城名镇名村保护条例》中对历史文化街区保护规划、保护措施和法律责任等重要内容做出了规定。保护好历史文化街区是各级政府的责任，特别是在城市化快速发展进程中，做好历史文化街区的保护，促进城市文化遗产保护和城市建设有机结合，对于增强城市魅力、展示城市个性、提升文化软实力、增强综合竞争力、推动城市科学发展具有重要意义。

保护文化遗产，对于建设海南国际旅游岛具有重要的战略意义。文化是旅游的灵魂，是旅游资源的魅力所在。展示独具特色的文化底蕴是一个地区旅游业可持续发展的必然要求。众所周知，海南拥有丰富的文化遗产资源，有中共琼崖第一次代表大会会址、红色娘子军革命根据地遗址；有承载贬官文化的五公祠、海瑞墓；有沟通东西方文化交流的"海上丝绸之路"南海航线；有独具特色的黎、苗等少数民族文化村寨等。如今海口骑楼老街又成为世人瞩目的"中国历史文化名街"，通过这些文化遗产资源的发掘、保护和展示，可以丰富海南国际旅游岛建设的文化内涵，形成海南独具特色的文化旅游品牌。

　　衷心祝愿海南省以国际旅游岛建设为契机，推进文化遗产保护工作。首先，积极做好海南文化遗产的发掘整理，结合正在开展的第三次全国文物普查、南海沉船水下考古发掘等项工作，全面掌握海南文化遗产资源状况，积极研究、合理规划文化遗产在海南国际旅游岛建设中的突出作用。其次，积极做好文化遗产保护展示服务。利用海南博物馆、博鳌论坛展示园区、民族文化园等展示平台，集中展示海南优秀文化内涵，充分发挥文化遗产事业的文化功能、社会功能、生态功能和经济功能，使文化遗产成为促进经济社会发展的积极力量，使文化遗产保护成果真正惠及广大民众。

海南中国历史文化名街——海口骑楼老街揭牌仪式（2009年7月20日）

在中国历史文化名街拉萨八廓街揭牌仪式上的致辞

（2009 年 8 月 22 日·西藏拉萨）

今天，在拉萨市各族民众欢庆西藏传统民族节日——雪顿节之际，我们欢聚拉萨，隆重举行"中国历史文化名街拉萨八廓街"揭牌仪式。

历史文化街区是城市文化遗产的重要组成部分，是一个地区、一座城市悠久历史和灿烂文明的最好见证。同时，作为城市文化遗产保存最完整、最丰富的地区，历史文化街区寄托了世代生活于此的人们一种深厚的情感，是人们美好的精神家园。拥有1300多年历史的拉萨八廓街，正是这样一个独具魅力的藏族历史文化街区。跨越千年的历史长河，八廓街见证了拉萨古城千载的风风雨雨、沧桑巨变，传承了拉萨深厚绵长的城市文脉，留下了丰厚的物质与非物质文化遗产。对这样一份人类文化瑰宝进行保护，无疑具有十分深远的历史意义。

我国目前正处于城市化加速发展的历史阶段，也是城市建设对历史文化街区冲击与影响最大的时期。可喜的是，长期以来，在西藏自治区政府、拉萨市政府的高度重视下，八廓街的保护工作取得了显著的成绩。此次入选首批中国历史文化名街，既是对目前已经开展的保护工作的充分肯定，也表明八廓街的文化价值已得到社会各方面的理解和认可。在此，希望拉萨市抓住此次八廓街荣获首届历史文化名街的契机，在"保护为主、抢救第一、合理利用、加强管理"的方针指导下，通过科学规划与实践，探索历史文化街区保护的新途径，进一步强化对八廓街真实性、完整性的有效保护，进而推动拉萨历史文化名城的整体保护。同时，通过加强传统民居建筑维修，完善生活基础设施，改善社区生态环境等措施，提高居民生活质量，让历史文化街区的保护成果惠及全体民众，在全国树立起历史文化街区保护的典范。我们相信，在西藏自治区、拉萨市政府的正确领导下，通过拉萨市相关单位的通力合作和社会各界的关心支持，八廓街的保护工作将会更上一个台阶，并将有力促进和推动拉萨市文化遗产保护工作继续前进。

西藏拉萨中国历史文化名街八廓街揭牌仪式（2009年8月22日）

西藏八廓街（2011年8月19日）

关于加强北京历史城区整体保护的提案①

（2010 年 3 月）

北京是我们伟大祖国的首都，是全国的政治中心和文化中心。同时，北京是世界著名古都和国家级历史文化名城。因此，北京的建设要反映出中华民族的悠久传统、灿烂文化和大国首都的独特风貌。北京历史城区是世界城市建设史上的瑰宝。其中保留着壮美的城市中轴线、棋盘式的道路系统、平缓开阔的城市空间格局、生动活泼的园林水系、浩若繁星的文物古迹和丰厚的地下文化遗存，这些构成了北京历史城区灿烂的文化景观和淳厚的文化神韵。

历史城区，是指在城市中能够体现其历史发展过程或某一发展时期风貌、历史范围清楚、城区格局保存较为完整的地区。它是在特定的自然地理条件和人文历史发展的孕育中逐渐形成的，凝聚着历史性城市所有物质文明和精神文明的总和。作为文化遗产的一种类型，联合国教科文组织《世界遗产名录》中，有半数以上属于历史城区或历史地段。今天，这些历史城区既保持有完整的历史风貌，又具有现代化的生活设施，成为令人向往的文化圣地。

北京历史城区，又称北京旧城区，是指明清北京城墙所围合的

---

① 此文为在全国政协十一届三次会议上的提案，联名提案人：董良翚 孟广禄 张柏 詹祥生 张海 宋春丽 耿其昌 林建岳 陈力 王书平 郁钧剑 侯露 席强 吴祖强 杨力舟 夏燕月 尼玛泽仁 阿拉泰 杜滋龄 韩书力 杨一奔 安家瑶 龙瑞 陈祖芬 仲呈祥 苏士澍 樊锦诗 田青 郭瓦加毛吉 张和平 高延青 丹增 王川平 姜昆 吕章申 余辉 赵维绥 刘敏 王霞 刘庆柱 张廷皓 冯英。

地区，基本上是今天北京二环路以内，大约62平方千米的范围。随着北京城市建设用地持续向外扩展，历史城区在北京城市建设用地中所占比例越来越小，并且历史城区内的居住人口也在持续减少，已经从20世纪80年代的180万人，减少到目前的不足140万人，按照《北京城市总体规划》，2020年历史城区内的居住人口还将减少至100万人左右。这一用地规模和人口规模，使北京历史城区已经具备了作为"特区"进行统一管理的基础和条件。

北京历史城区是城市发展之源、城市文脉之源，历史城区的每一方土地、每一寸肌理、每一道天际轮廓线中，都承载着北京城市的生命与性格、历史与记忆。因此，北京历史城区整体保护的内容包括：保护好明清北京城7.8千米传统中轴线文化景观和风貌特色；保护好明清北京城"凸"字形城市轮廓和宫城、皇城、内城、外城四重城郭遗址；保护好历史河湖水系和传统园林绿化；保护好历史城区原有棋盘式道路骨架和传统街巷格局；保护好"胡同—四合院"建筑形式和传统民居；保护好辽、金、元、明、清历代考古遗址和地下文化遗存；保护好平缓开阔的空间形态和天际轮廓线；保护好传统习俗、文化空间和非物质文化遗产等各方面。

但是，长期以来缺乏对北京历史城区突出价值的整体评估与保护。由于城市功能过度聚集，造成历史城区整体保护的重重困难；由于大拆大建的改造方式，造成文化遗产和古都风貌的持续破坏；由于缺乏日常修缮和基础设施更新，造成广大民众生活质量的亟待改善；更由于北京历史城区内不同地段分别由四个行政区所管辖，保护职责不够清晰明确。特别是近年来，北京历史城区因为有着较好的区位优势，成为房地产开发竞相高价争夺的黄金地段，导致历史城区中大量四合院、胡同、街巷及生态环境不断被蚕食，而盲目拓宽道路，建设高楼大厦，对城市肌理、道路格局和天际轮廓线造成持续破坏。

当前，迫切需要从全局的角度研究历史城区内文化遗产的空间分布规律和整合关系，将孤立散存的文化遗产点状和片状结构，变成更具保护意义的网状系统，充分发挥出文物建筑、文化遗址和历史街区对提升历史城区整体价值的重要作用，创新行政管理机制，从城市格局和宏观环境上，探索"以保护促发展"的历史城区整体保护和发展战略思路。

为此建议：调整北京历史城区内的现有行政区划，以二环路为界，将现在分属东城、西城、宣武、崇文四个行政区的历史城区内的用地加以整合，形成统一的中央行政区。中央行政区应该具有独特的功能。首先，中央行政区是我国政治中心的核心地段，要为中央政府在京领导全国工作和开展国际交往提供良好的环境；其次，中央行政区是我国文化中心的核心地段，要为来自全国各地的广大民众享受高雅文化，增长科学知识提供良好的环境；再次，中央行政区是世界著名古都的核心地段，要为国内外来宾领略博大精深的中华传统文化，感受雄伟壮丽的城市文化景观提供良好的环境；最后，中央行政区作为历史城区，还是世代居民的生活家园，要为广大民众生活、工作和学习提供良好的环境。

关于加强名人故居保护的提案[1]

（2010年3月）

在我国悠久而广袤的土地上，千百年来，博大精深的中华文明孕育和滋养了一代又一代杰出的思想家、文学家、艺术家、科学家、教育家、政治家和军事家等，可谓名人辈出，群星璀璨。他们是我国数千年文明的创造者、参与者、继承者和传播者，为中华民族的历史发展乃至人类文明做出了杰出的贡献，是祖国和人民的骄傲，更是中华民族的宝贵财富，值得我们永远铭记。

而作为名人曾经生活居住过的地方，其故居正是寄托我们对名人的缅怀与敬仰之情、进行观瞻与凭吊活动的主要载体与场所。具体而言，名人故居包括历史上与各类著名人物有关的故居和旧居，也包括其曾经居住和使用过的宅第、祠堂、府第、庄园、庭园等。据不完全统计，目前在已公布的全国重点文物保护单位中，直接以故居（旧居）命名的有70多处，其他以宅、堂、祠、府、园等命名的名人故居，还有约60处。被公布为其他级别文物保护单位或开辟为故居纪念馆、爱国主义教育基地的名人故居，为数更多。

名人故居是祖国优秀文化遗产的重要组成部分，是传承民

---

[1] 此文为在全国政协十一届三次会议上的提案，联名提案人：阿拉泰 田青 韩书力 龙瑞 陈祖芬 郁钧剑 高延青 吕章申 陈力 王书平 郭瓦加毛吉 席强 刘庆柱 尼玛泽仁 孟广禄 杜滋龄 耿其昌 林建岳 樊锦诗 夏燕月 张柏 赵维绥 刘敏 冯英 张延皓 杨力舟 董良翚 姜昆 苏士澍 王川平 安家瑶 杨一奔 王霞 丹增 吴祖强 宋春丽 仲呈祥 余辉 詹祥生 张和平 张海。

族文化、发扬民族精神的重要载体。改革开放以来,各地陆续开辟了许多名人故居供人们瞻仰参观,受到广大观众的热烈欢迎。名人的事迹往往众口相传、感人至深,而作为承载这些名人事迹的故居,教育效果更为直观、更为生动、更为鲜活。对于当地民众来说,集建筑、人文和文物价值于一身的名人故居,不仅是本地极其珍贵的历史文化资源,也是一笔极其难得的精神财富。因此,应该充分认识名人故居在继承民族精神、弘扬民族文化、提高民族素养等方面的重要历史地位和现实作用,把名人故居切实保护好、利用好、管理好。

当前,名人故居保护工作存在着一些亟待解决的问题。据北京市有关部门2005年的调查,在西城区、东城区、宣武区、崇文区四个城区内共有308处名人故居,涉及政治、军事、文化、艺术、经济、科技和医学等各个领域的名人。其中,除了少数被辟为博物馆、纪念馆,或者实施挂牌明示外,大多数名人故居淹没在杂乱无章的建筑之中,亟待保护。

浙江绍兴鲁迅故居历史街区(2006年5月31日)

总的来说，名人故居中属于各级文物保护单位的保护相对较好，但是没有列入文物保护单位的大量名人故居，在目前城市改造和建设过程中受到的冲击极大；一些地方和部门对于名人故居保护的意义认识不足、重视不够，保护意识淡薄，任其自生自灭，毁坏倒塌；一些地方片面追求经济效益、过度开发，致使不少名人故居及其历史环境遭受严重破坏；名人故居研究不够深入，缺乏标准，管理混乱，保护职责不清。

为进一步做好名人故居保护工作，提出以下建议。

一、提高对名人故居的保护意识

名人故居是不可再生的文化遗产资源，一旦损毁，便不复存在。各级政府应以对历史和人民负责的精神，充分认识名人故居在地方文化建设中的地位和作用，把名人故居的保护、宣传和利用作为大力弘扬先进文化的重要内容，加强对名人故居保护工作的领导和支持力度，提高各有关部门和社会各界的保护意识，结合本地实际，制定相关政策，依法处理好名人故居保护与城市建设、经济发展的关系，正确处理好名人故居保护与利用的关系，充分发挥名人故居的重要作用，为促进当地经济社会文化的全面、协调、可持续发展做出应有的贡献。

二、加大依法保护的力度

各地应抓紧制定出台一批对重要名人故居进行保护的专项法规，以适应新形势的发展，特别要针对城市建设、新农村建设、基本建设中面临拆迁、毁灭危险，而又尚未公布为文物保护单位的名人故居，应将具有重要意义的名人故居及时公布为相应级别的文物保护单位，进一步加大保护力度。同时要严格依法办事，做到有法必依、执法必严，制止一切危害名人故居的行为，避免重要名人故居及其周边环境风貌遭受建设性破坏。

三、理顺管理体制，明确保护职责

很多名人故居产权关系不清，管理使用情况复杂，多头管理，但是真正的保护问题却权属不清，各地应结合本地实际，在对名人故居进行全面、系统、深入调查的基础上，摸清、理顺其管理体制，明确管理使用单位的职责和义务，落实保护任务。

四、加强学术研究，明确认定标准

名人故居的学术研究水平，直接影响名人故居社会效应的发挥。相关研究机构、高等院校等，应进一步加强对名人及其故居的研究，对名人故居的评价和判断，绝不能单纯考虑建筑质量和艺术价值，还要看其精神、文化、社会价值。对于名人故居的价值鉴别标准也不应"一刀切"，可以有不同区域、层次的标准。通过深化对名人故居的研究，推出一批研究成果，指导相关部门保护好名人故居、展示好名人故居，供广大民众学习、观瞻，充分发挥名人故居对民众的正确引导、教育和鼓舞作用。

浙江绍兴鲁迅故居历史街区（2006年5月31日）

关于持续开展"中国历史文化名街"
评选活动的提案①

（2010 年 3 月）

　　历史文化街区是城市中文化遗产保存最完整、最丰富的地区，也是一座城市悠久历史和灿烂文明的最好见证。同时，历史文化街区被世代生活于此的人们倾注着很多复杂的情感，保护历史文化街区有利于促进人们对所在社区的认知感、认同感，进而产生自信心、责任心，有利于促进社会的稳定、和谐，对于建设特色文化城市有着重大现实意义。

　　《中华人民共和国文物保护法》第十四条规定"保存文物特别丰富并且具有重大历史价值或者革命纪念意义的城市，由国务院核定公布为历史文化名城。保存文物特别丰富并且具有重大历史价值或者革命纪念意义的城镇、街道、村庄，由省、自治区、直辖市人民政府核定公布为历史文化街区、村镇，并报国务院备案。历史文化名城和历史文化街区、村镇所在地的县级以上地方人民政府应当组织编制专门的历史文化名城和历史文化街区、村镇保护规划，并纳入城市总体规划。历史文化名城和历史文化街区、村镇的保护办法，由国务院制定。"目前，国家已公布110座

---

① 此文为在全国政协十一届三次会议上的提案，联名提案人：尼玛泽仁 仲呈祥 董良翚
耿其昌 苏士澍 侯露 田青 张廷皓 陈力 郭瓦加毛吉 林建岳 王书平 杨力舟 郁钧剑 韩书力
王川平 丹增 詹祥生 阿拉泰 赵维绥 吴祖强 冯英 樊锦诗 高延青 盂广禄 刘庆柱 吕章申
安家瑶 王霞 夏燕月 余辉 杜滋龄 张柏 陈祖芬 杨一奔 宋春丽 刘敏 席强 姜昆 龙瑞 张海
张和平。

历史文化名城和251座历史文化名镇名村，但有关历史街区保护具体措施仍需加强。

2009年文化遗产日期间，在文化部、国家文物局指导和支持下，由《中国文化报》社、《中国文物报》社联合发起并主办的首届"中国历史文化名街评选推介活动"，以政府支持、民间主办、专家和公众投票参与的方式，将当代中国城市中那些具有深厚文化底蕴、具有广泛社会影响、具有鲜明特色与发展活力的历史文化名街有选择、有步骤地介绍给公众，展示给世界，在社会上产生了较好影响，得到地方政府的欢迎和支持。但是，作为一项民间评选推介活动，该活动影响力仍然有限，对于唤起社会各界对历史文化街区的广泛关注还远远不够。

为推动"中国历史文化名街"评选活动健康开展，进一步做好历史文化街区的保护工作。提出以下建议，希望有关部门予以充分重视。

（1）发挥行业管理部门的监督指导作用，加强"中国历史文化名街"评选活动的权威性。鉴于"中国历史文化名街"的评选与历史文化街区保护的密切联系，为促进公众对"历史文化街区"专有文化遗产保护法律概念的认知，在该评选标准中，应明确所有参评街区必须按照《文物保护法》的规定，已经省、自治区、直辖市政府核定公布为历史文化街区。评选出来的历史文化名街，应该是已公布的历史文化街区中具有代表性、权威性的文化遗产保护典范。建议相关部门应加强对该评选活动的业务指导和监督，确保"中国历史文化名街"活动评选的公开、公平、公正。

（2）促进公众参与，提高"中国历史文化名街"评选活动的公信力。首届名街评选活动已尝试采取了标准公开、自主申报、大众参与、专家主导、媒体监督的评选方式。鉴于历史文化街区与当地民众生活联系的密切性，及其在城市文化特色组成中的受关注程度，建议在今后的活动中要进一步加大公众参与的力度。历史文化名街的评选过程乃至历史文化街区保护都不能只采取自上而下的单向方式，由政府包办一切。历史文化街区的居民应享有知情权和管理参与权，参与到各种保护政策的制定和实施环节之中，通过历史文化名街评选活动，鼓励、促进各个参选名街建立自己的志愿者队伍。

（3）开展调研，推进历史文化街区管理的基础工作。开展"中国历史文化名街"评选活动有效提升了公众关注度和参与度，促进了历史文化街区保护工作。同时，历史文化名街评选活动的深入开展，必须建立在历史文化街区保护工作全面推进的基础之上。在全国范围内，历史文化街区保护与管理的基础工作相对于其他文化遗产保护仍然较为滞后。建议尽快大力开展历史文化街区保护调研工作，对历史文化街区的保护现状、价值评估标准、保护规范等进行全面调查和深入研究，形成全国历史文化街区基础资料信息库并向社会公众公布，推动保护实施办法出台。

在第二届"中国历史文化名街"评选推介活动初选会上的发言

（2010 年 4 月 6 日）

自去年首届"中国历史文化名街"评选活动开展一年来，我们高兴地看到，"中国历史文化名街"评选活动，不仅提升当选地的历史文化街区保护水平，而且推动了我国文化遗产保护的深入开展。

一年来，历史文化名街评选活动，得到各地政府的高度重视。去年文化遗产日前夕，举行了首批10条"中国历史文化名街"的授牌活动，福州、海口、拉萨等地也相继举办了隆重的挂牌仪式。

一年来，历史文化名街评选活动，带动了各地历史文化街区保护热情。四川、广东等省份，以及太原、中山等城市政府在2009年下半年纷纷公布了新的一批历史文化街区，将本地区最富历史文化内涵和魅力的街区纳入了法律保护的范畴。就在几天前，新疆维吾尔自治区人大推进《历史文化名城街区和历史建筑保护条例》的修订工作，提出建立历史文化名城街区的强制申报制度，努力使具有民族特色的历史建筑避免遭破坏。2009年10月，在各方面的不懈努力下，天津五大道"聚客锚地"工程正式更名为"五大道历史文化街区保护利用示范区"。

一年来，历史文化名街评选活动，得到社会各方面的欢迎和支持。今年，各地参与的积极性更加高涨，报名参加评选的历史文化街区有200多条，进入初选的近100家。当地民众积极支持和参与，体现了较强的主人翁意识，相关专家和志愿者纷纷参加，成为历史文化街区保护的一支重要生力军，各主要媒体高度关注，进行了广泛的宣传报道，在社会上产生了较好影响。总之，该活动带动了全社会对历史文化街区保护的热情，促进了历史文化街区和文化遗产的保护。

今年的"中国历史文化名街"评选活动是第二届。如何在第一届活动的成功基础上，承前启后，将名街评选活动推向深入，在评选范围、评选标准、评选方法上有更加明确的共识，使活动更具广泛性和公信力，是值得大家认真思考的问题。为推动"中国历史文化名街评选"推介活动健康开展，进一步做好历史文化街区的保护工作，今年两会期间，我专门提交了《关于持续开展"中国历史文化名街"评选活动的提案》，以推进此项活动的进一步开展。对于此次评选活动和下一步的工作，我谈几点看法。

第一，"中国历史文化名街"评选活动，要积极鼓励社会公众特别是当地居民的参与。与其他类型的文化遗产保护相比，历史文化街区的保护更应该关心整体环境，强调保护和延续其中人们的生活，不仅保护具体的建筑遗产，还要保护与之相联系的、活态的文化传统和生活方式。历史文化街区的居民是文化遗产的主人，享有知情权和管理参与权，应该参与到各种保护政策的制定和实施环节之中，这也应该是我们文化遗产保护应始终坚持的原则。同时，我们要鼓励、促进各个参选名街建立自己的志愿者队伍。只有这样，当地居民对历史文化街区保护的行动和理念才会有更深刻的理解，才会激发他们对家乡故土的热爱和自豪感，历史文化街区保护之路才会越走越好。

第二，"中国历史文化名街"评选活动，既要充分发挥行业管理部门的监督指导作用，也要发挥社会的监督作用。要积极接受媒体监督，加强"中国历史文化名街"评选推介活动的权威性，确保该活动评选的公开、公平、公正。我一贯认为历史文化名街的推荐、评选等所有环节都不能只采取自上而下的单向方式，由政府包办一切。比如除了发动群众投票以外，还可以鼓励当地居民将自己生活的街道、社区自发申报名街，为其开辟畅通的渠道。首届名街评选活动采取标准公开、自主申报、大众参与、专家主导、媒体监督的评选方式，并取得积极成效，希望能够长期坚持下去。

第三，"中国历史文化名街"评选活动，要体现多样性，要高度关注街区的历史文化内涵。要切实评选文物资源丰富、传统格局与历史风貌保存完整、传统文化仍体现出活力、保护工作积极开展并成果显著的历史文化街区。要特别关注那些居民能安居乐业、有宜人的环境和亲密邻里关系的历史文化街区。要评选居民能够继续按自己的意愿生产、生活，仍然维持原有的社会功能，对促进地区经济发展具有重要影响的历史文化街区。绝对不能评选那种只保留了躯壳，而丢掉历史文化内容，将原有居民大量外迁，搞成专供参观的旅游景点街道。

第四，要积极开展调研，推进历史文化街区保护和管理的基础工作。"中国历史文化名街"评选推介活动的深入开展，必须建立在历史文化街区保护工作全面推进的基础之上。在全国范围内，历史文化街区保护与管理的基础工作相对于其他文化遗产保护仍然较为滞后。各级政府及文物部门应尽快大力开展历史文化街区保护调研工作，对历史文化街区的保护现状、价值评估标准、保护规范等进行全面调查和深入研究，形成全国历史文化街区基础资料信息库，并向社会公众公布，推动保护实施办法出台。

第五，要进一步做好历史文化街区的宣传工作。通过这个活动，要切实大力宣传历史文化街区，挖掘历史文化名街在城市形象、文化内涵、历史文化教育、乡土情结的维系、文化身份的认同、生态环境建设、和谐人居环境的构建等多方面所具有的综合价值，增强人们的认知感、认同感，进而产生自信心、责任心，最终形成热爱家乡、投身文化遗产保护的热情，使社会公众、各级政府在历史文化街区的价值和保护等方面达成共识。

最后，我还要特别感谢名街评选活动组委会，克服了重重困难，进行了开创性的工作，为历史文化街区保护工作营造了良好的社会氛围。历史文化名街评选活动既是对文化遗产工作的促进，也是对我们文化遗产工作者的鞭策。希望历史文化名街评选活动更健康、更持久地开展下去，在文化遗产工作者和各位专家、广大公众的共同努力下，历史文化街区保护工作能够切实再上一个新的台阶。我们也相信，在各方面的共同关注和大力推进下，这个活动会越办越好，中国历史文化名街，一定会焕发出更加迷人的光彩。

第二届"中国历史文化名街"评选推介活动专家初评会（2010年4月6日）

在第二届"中国历史文化名街"初评揭晓新闻发布会上的讲话

（2010 年 4 月 9 日）

一年前，首届"中国历史文化名街"评选推介活动从这里发端，开启了中国历史文化街区保护的新航程。在文化部、国家文物局的支持下，在《中国文化报》《中国文物报》，以及相关专家、媒体和社会公众的共同推动下，全国众多历史文化街区踊跃报名参评，数百万群众积极参与投票，评选揭晓和挂牌仪式等隆重而热烈的场面，至今鼓舞和激励着每一位文物工作者的自豪感和工作热情！

今天，我们又相聚在这里，并将公布第二批"中国历史文化名街"的15条入围街区名单。这15条街区是评委会专家从200多条历史文化街区中精心评选出来的，应该说它们是我国最有特色、最有代表性的历史文化街区中的佼佼者。在此，我向入围的15条街区表示热烈的祝贺！

"中国历史文化名街"评选推介活动的目的是将当代中国那些文化底蕴深厚、地方特色鲜明和有发展活力的历史文化街区介绍给公众、展示给世界，促进历史文化街区的保护。我们欣喜地看到，一年来，历史文化名街评选活动如一粒火种，点燃了全社会对历史文化街区保护的热情，产生了积极的效果。一些地方政府进一步完善了历史文化街区保护法规，公布了新一批的省市级历史文化街区，将本地区最富历史文化内涵和魅力的街区纳入了法律保护的范畴；各地民众积极支持，体现了较强的主人翁意识；相关专家不断进行呼吁，提出了许多建设性的意见；一大批志愿者纷纷参与，成为历史文化街区保护的一支重要生力军；各媒体进行了广泛而深入的宣传报道，产生较好影响。

当地民众是历史文化街区的主人，是历史文化街区保护最持久、最可靠的力量。"中国历史文化名街"评选活动，要取得社会公众特别是当地民众倾心的参与和支持，注重培养当地志愿者队伍，深化当地居民对历史文化街区保护理念的理解，激发他们对故土的热爱和自豪感。要坚持标准公开、大众参与、专家主导、媒体监督，积极发挥社会各方面的作用，确保评选活动的公信力。要体现中国历史文化街区的多样性，把评选活动与历史文化街区的保护和抢救结合起来，与当地民众改善生活结合起来，与创造宜人环境结合起来，与当地经济社会发展结合起来，保持历史文化街区的文化内涵，维系历史文化街区的活力和原有的社会功能。要深入挖掘历史文化名街多方面的价值和效应，使各级政府、社会公众、当地居民在历史文化街区的价值和保护等方面达成共识。

我们衷心希望社会各界一如既往地关心和支持"中国历史文化名街"评选推介活动；我们也相信，在社会各方面的共同推动和支持下，"中国历史文化名街"评选推介活动会不断走向深入，中国历史文化街区保护之路会越走越好！

在中国历史文化名街无锡市清名桥街区揭牌仪式上的致辞

（2010 年 6 月 13 日·江苏无锡）

具有7000多年文明史和2200多年建城史的无锡，是吴文化的重要发源地，近代民族工商业发祥地，当代乡镇企业诞生地，国家级历史文化名城，享有"太湖明珠"的美誉，文化遗产资源丰厚。适逢我国第五个"文化遗产日"之际，第二届"中国历史文化名街"揭晓，无锡市清名桥街区获此殊荣。

近年来，无锡市在新一轮城市有机更新和转型发展过程中，正确处理文化遗产保护与经济社会发展的关系，加大文化遗产保护力度，颁布《无锡市历史文化遗产保护条例》，设立文化遗产保护基金会，承办中国文化遗产保护无锡论坛，启动国家大遗址保护工程，开展五大历史文化街区保护工作，推动文化遗产保护成果惠及民众，实现文化遗产保护与经济社会发展的良性互动，为文化遗产保护做出了卓有成效的不懈努力，促进文化遗产保护与经济社会的全面协调可持续发展。

这次清名桥街区被评为"中国历史文化名街"，一方面标志着街区本身具有深厚文化底蕴、广泛社会影响、鲜明发展活力，另一方面充分反映出无锡市敬畏文化遗产、履行保护"天职"的重要成果，是无锡民众热爱故土、投身于历史文化名街保护的生动写照。

希望无锡以清名桥街区荣获"中国历史文化名街"为契机，继续推进历史文化街区保护工程，切实保护和延续街区传统格局和历史风貌；加大宣传力度，进一步挖掘历史文化名街在提升城市形象、构建和谐人居和生态环境建设等多方面的综合价值；推进大运河沿线文化遗产保护，加强博物馆建设，把文化遗产保护工作与改善人居环境、落实文化惠民、实现城市转型结合起来，在以往取得成绩的基础上，进一步探索政府主导、多方联动、多元投入、有效保护、合理利用的文化遗产保护新路子，为我国文化遗产保护与经济社会协调发展提供新鲜经验。

江苏无锡清名桥街区
（2010年6月11日）

江苏无锡清名桥街区
（2010年6月11日）

在中国历史文化名街苏州市山塘街授牌仪式上的讲话

（2010 年 6 月 13 日·江苏苏州）

带着欢度我国第五个"文化遗产日"的喜悦心情，带着苏州主场城市活动的丰硕成果，今天，我们隆重举行中国历史文化名街授牌仪式。

千年山塘，老苏州的缩影，至今保持着"水城古街""粉墙黛瓦"的传统格局，充分体现了历史风貌的完整性、历史遗存的真实性、历史生活的延续性、历史文化的丰富性，是一条名副其实的"活着的千年古街"。特别是近年来，金阊区坚决执行《文物保护法》和文物工作方针，认真落实苏州市政府关于加强文化遗产保护的一系列决策部署，在山塘街的保护和整治过程中，致力于整体风貌保护、重要节点修复、基础设施建设和文化内涵挖掘工作，推动历史文化街区保护成果惠及民众，实现了文化遗产保护与经济社会发展的良性互动，促进了文化遗产保护与经济社会的协调可持续发展。这次山塘街被评为第二届"中国历史文化名街"，不仅标志着街区深厚的文化底蕴、广泛的社会影响、鲜明的发展活力得到社会各方面的广泛认可，也是山塘街的当地民众热爱故土、投身于文化遗产保护的生动写照。

近年来，苏州市适时提出了以"完善基础设施，提升服务功能，配套生活设施，方便群众生活，改善环境质量，彰显风貌特色"为目标的古城区街巷综合整治工程，在保护传统民居、防止古城文化环境解体和空壳化倾向、维系文化遗产所依托的社会生活方式和文化传承基础等方面做出了一系列新的尝试，取得了有目共睹的成就。这次文化遗产日苏州主场活动和上海世博会苏州论坛的成功举办、历史城市联盟的成立、山塘街荣获"中国历史文化名街"的称号等，标志着苏州市的发展迈入了一个新的阶段，进入了转型升级、创新发展的关键时期。希望苏州市金阊区百倍珍惜这一光荣称号，珍惜这一难得机遇，加快科学发展的样板区、开放创新的先行区、城乡一体的示范区建设步伐，进一步推进文化遗产保护，以先进的理念、宽阔的视野、昂扬的姿态，向着新的更高的目标迈进！

江苏苏州山塘街（一）
（2010年6月11日）

江苏苏州山塘街（二）
（2010年6月11日）

在中国历史文化名街扬州市东关街揭牌仪式上的讲话

（2010 年 7 月 6 日·江苏扬州）

盛夏的扬州，花团锦簇，激情似火；美丽而古老的东关街，展开热情的怀抱，迎来了中国历史文化名街揭牌仪式。

有近2500年建城史的扬州，犹如镶嵌在长江和运河交汇处的一颗明珠。数千年的历史积淀，给扬州留下了迷人的人文景观、众多的文物古迹、厚重的文化底蕴，是国务院首批公布的中国24座历史文化名城之一。近年来，扬州市立足于历史文化名城的持续发展和永续利用，围绕"建设古代文化和现代文明交相辉映名城"的目标，正确处理文化遗产保护与经济社会发展的关系，加大文化遗产保护力度，启动文化博览城建设，承担大运河申报世界文化遗产牵头城市，完善古城保护规划体系，加强扬州城遗址保护，实施历史文化名城解读工程，推进博物馆建设，推动文化遗产保护成果惠及民众，实现了文化遗产保护与经济社会发展的良性互动。特别在东关街、东圈门等历史街区风貌的保护和整治过程中，修缮传统民居，完善基础设施，改善街区环境和居民生活水平，走出了一条注重实效、民众参与的新路子，为全国历史文化街区保护积累了经验。这次东关街荣获"中国历史文化名街"，既表明了街区本身具有深厚的文化底蕴、广泛的社会影响、鲜明的发展活力，同时也体现了扬州市致力于文化遗产保护的重要成果，是扬州民众热爱故土、投身于历史文化名街保护的生动写照。

历史文化街区是城市文化遗产的重要组成部分，是一个地区、一座城市悠久历史和灿烂文明的最好见证。同时，作为城市文化遗产保存最完整、最丰富的地区，历史文化街区寄托了世代生活于此人们的深厚情感，是他们美好的精神家园。保护历史文化街区，就是保护城市的"根"和"魂"。希望扬州市抓住此次东关街荣获"中国历史文化名街"的契机，严格执行《文物保护法》和"保护为主、抢救第一、合理利用、加强管理"的文物工作方针，通过科学规划与实践，加强对历史街区的整体保护，促进城市进步，提升生活质量，实现文化遗产保护与经济社会发展的双赢。祝愿扬州文化遗产事业拥有灿烂的明天！

江苏扬州东关街中国历史文化名街揭牌仪式（2010年7月6日）

在中国历史文化名街齐齐哈尔市
罗西亚大街授牌仪式上的致辞

（2010 年 7 月 19 日·黑龙江齐齐哈尔）

今天，我们相聚在美丽的鹤城——齐齐哈尔，隆重举行中国历史文化名街授牌盛典。在此，我谨代表国家文物局，向获此殊荣的罗西亚大街表示热烈祝贺！

有着800多年建城史的齐齐哈尔，犹如镶嵌在祖国东北的一颗明珠。悠久灿烂的历史、多民族的交融、多文化的融合，形成了以昂昂溪遗址为代表的新石器时代文化，以金长城遗址、蒲峪路古城遗址为代表的辽金文化，以卜奎清真寺、大乘寺为代表的宗教文化，以罗西亚大街为代表的历史文化街区等。这一切都表明，齐齐哈尔不仅是闻名遐迩的丹顶鹤之乡，也是一座历史文化底蕴厚重的

黑龙江齐齐哈尔罗西亚大街中国历史文化名街揭牌仪式（2010年7月19日）

文明古城。

近年来，齐齐哈尔市紧紧抓住国家实施振兴东北等老工业基地的重大战略机遇，围绕建设"生态园林城市、绿色食品之都、装备工业

黑龙江齐齐哈尔中国历史文化名街罗西亚大街（2010年7月19日）

基地、历史文化名城、生态旅游胜地"的目标，正确处理文化遗产保护与经济社会发展的关系，积极探索区域整体协调发展战略。特别是以创建国家历史文化名城为着力点，颁布《齐齐哈尔市保护街区和保护建筑条例》，制定《齐齐哈尔市国家历史文化名城创建方案》，做好第三次全国文物普查和各类文物保护单位的保护，公布保护街区、建筑名录，挖掘、整理齐齐哈尔历史文化资源，引导社会各界参与文化遗产保护，使齐齐哈尔这座文明古城焕发了新的生机与活力，呈现出经济发展、社会和谐、文化繁荣的喜人局面。

衷心期盼齐齐哈尔市以罗西亚大街被评为"中国历史文化名街"为契机，积极动员全市力量，贯彻落实《文物保护法》和文物工作方针，切实加强对历史街区的整体保护，传承好、维护好历史街区的传统格局和历史风貌；做好中东铁路文化遗产、近现代建筑遗产和工业遗产的保护；进一步挖掘历史文化名街在提升城市形象、构建和谐人居和生态环境建设等多方面的综合价值，满足人们体验异域文化、感受他国风情的需求；大力推动文化遗产保护与老工业基地振兴相结合，与提高民众生活质量相结合，与经济社会发展相结合，努力实现老工业基地与丹顶鹤比翼飞翔的美丽梦想！

在中国历史文化名街哈尔滨市中央大街授牌仪式上的讲话

（2010 年 7 月 20 日·黑龙江哈尔滨）

黑龙江中国历史文化名街哈尔滨中央大街揭牌（2010年7月19日）

盛夏的哈尔滨，万木葱郁，花团锦簇。美丽的中央大街，展开热情的怀抱，迎来了她荣膺中国历史文化名街的隆重盛典。

哈尔滨是国家级历史文化名城。特殊的历史进程和地理位置造就了哈尔滨这座文化底蕴厚重、又具有异国情调的美丽城市。哈尔滨的文物古迹和历史文化街区等独具特色、别具风韵，不仅荟萃了北方少数民族的历史文化，而且融合了中外文化。

近年来，哈尔滨市抓住国家实施振兴东北等老工业基地的重大战略机遇，确立了"超越自我、再塑形象、奋起追赶、努力晋位，把哈尔滨建设成为现代大都市"的总体目标和"北跃、南拓、中兴、强县"的发展战略，特别是在全力建设现代文明城市的过程中，正确处理文化遗产保护与城市建设、经济社会发展的关系，颁布《哈尔滨市历史文化名城保护条例》，保持和传承城市特色风貌；加强博物馆建设，加大文化遗产保护力度；发布《哈尔滨市中央大街步行街区管理办法》，启动历史文化街区的整治工作，维持街区风貌，完善基础设施，改善街区环境和居民生活水平，走出了一条政府主导、依法管理、群众参与的路子。这次中央大街被评为"中国历史文化名街"，一方面标志着街区本身具有深厚文化底蕴、广泛社会影响、鲜明发展活力，另一方面充分反映了哈尔滨市政府文化遗产保护的重要成果，同时也是哈尔滨人民热爱故土、关注文化遗产保护的生动写照。

历史文化街区是城市文化遗产的重要组成部分，是一个地区、一座城市悠久历史和灿烂文明的有力见证。同时，作为城市文化遗产保存最完整、最丰富的地区，历史文化街区又是促进城市经济社会发展，提高居民生活质量的重要资源。衷心期盼哈尔滨市以中央大街荣获"中国历史文化名街"为契机，举全市之力，认真贯彻《文物保护法》和文物工作方针，进一步加大对历史文化街区、工业遗产等的保护力度，促进城市建设和文化遗产保护的全面发展与进步，以先进的理念、宽阔的视野、昂扬的姿态，向着新的更高的目标迈进！

黑龙江中央大街（2007年8月31日）

在广州名人故居保护座谈会上的讲话

（2010 年 9 月 14 日·广东广州）

这次到广东调研的主题是关于名人故居的保护。包括广州市"粤剧曲艺之乡"中的粤剧名伶故居和关于涉台抗日先烈在粤故居的保护。关于粤剧名伶故居的问题，最近有关媒体《香港媒体关注广州旧城改造》一文，认为当地名人故居遭拆迁，有可能引发"文化保卫战"。今天到实地调查，了解情况。看到在第三次全国文物普查中，广州市对包括名人故居在内的不可移动文物进行了详细的调查登记。调查中感到，西关旧区具有丰厚的文化底蕴。恩宁路在广州历史文化名城的文化资源中独具特色，在一轮轮城市发展、改造的过程中，奇迹般地较完好地保留至今，可以申报为"中国历史文化名街"。

名人故居是文物资源的重要组成部分，而与粤剧有关的文物建筑和名人故居对于保护和弘扬广州文化极为重要。名人故居是指历史上名人曾经定居、生活过，并对周围环境产生一定影响的场所，是一种特殊的文化景观。这些文化名人为自己的国家和人民，为社会进步和人类福祉做出过积极贡献，他们受到广大民众的敬仰和崇拜，他们应该永远活在人们中间。

名人故居作为地域文化的载体，记录了当时当地的文化传统和风土人情，是城市记忆的守护者，是名人留下的一笔弥足珍贵的文化遗产，应受到关注和保护。名人故居不仅凝练着历史名人的生命光彩，也映射着人文思想的博大光辉。同时，名人故居是历史文化名城的重要组成部分，寄托着多重人文历史内涵。如果城市中每一位历史名人的行迹、思想与创作都能得到全面而精彩的展现，将使一座城市的精神魅力得以彰显，使一座城市的人文记忆得以传承。

文化记忆是无形的存在，在现实生活中看不见、摸不着，因此它的存在必须通过有形的载体来体现，即通过实物衬托出来。因为只有充分唤醒这些记忆，才能使人们真正了解人类文化整体的内涵与意义。高楼之间，这些承载着文化底蕴的场所诉说着历史的记忆，也倾注着对未来的期待。正是在历史与未来的复合视野中，人们看到了名人故居保护的更为深远的意义。通过对名人故居进行保护和复原陈列，展现故居主人非凡的人生经历和对社

广东粤剧名伶旧居（2010年9月14日）

会的贡献以及独有的魅力和巨大的感召力。人们慕名而来，在这里抒发自己的情感、汲取历史的营养，从中获得动力，有着普通博物馆所不能比拟的优势。一般来说，名人故居与故居建筑的华丽与简陋没有直接关系，印象派大师凡·高在巴黎郊区的故居，不但十分简陋，而且房间只有6平方米，但是一直完整地保存到现在，参观者在这样的故居建筑内，才能更加深刻地感受到画家的伟大情操。因此，历史名人曾经居住过、工作过的地方，凡是能保护的应该尽量加以保护，其中一些具备条件的，建立名人故居博物馆，供人们瞻仰。

在欧洲城市中，名人故居的保护与利用以不改变现有用途、实物保护与设立标志牌为主，以建设博物馆、纪念馆进行图片、图像陈列为辅。在一些名人一生中经历重要阶段的故居建筑物外墙上，镶嵌着醒目的标志牌，上面有被纪念者的头像和在此生活的时间。这些标志牌表达出人们对先人的缅怀。在英国，伦敦、利物浦、伯明翰、爱丁堡、曼彻斯特等大城市都设有名人蓝牌，共计900多块，其中70%设在伦敦繁华地区。这些蓝牌由铁质搪瓷制成，上面有6行英文字。第一行字比较大，写着人名。下一行是他的职务、身份，再就是在何领域有何卓越贡献、生卒年月。最后一行是某年某月"在此居住"。英国实施"蓝牌"制的做法，不仅是为了让名人文化走进市民的生活，也是为了还原、放大、升华文化的价值和文化的尊严。巴黎的名人故居资源非常丰富，雨果、巴尔扎克、大仲马、小仲马、莫奈、罗丹、毕加索、格雷万等世界顶级的作家、美术家、艺术家们的故居，都妥善保存在城市中。

在当今大规模的城市改造过程中，如何搞好历史文化名人故居的保护与利用问题，保护星罗棋布的数以百千计的文化名人故居，一直是文物界、文化界乃至整个社会极为关注和倍感沉重的话题。近年来，北京的名人故居的消失速度不断加快，拆除数量较大，目前已拆除98处，占调查故居总数的31.81%，主要是自20世纪90年代以来，在所谓"旧城改造"和"危旧房改造"中被拆除的，其中包括已列为市级、区级文物保护单位和文物普查项目。例如北京市级文物保护单位朱彝尊故居和区级文物保护单位林白水故居、尚小云故居、余叔岩故居等，均已荡然无存，有的名人故居则按照建设规划即将被拆除。同时，由于缺乏保护、修缮和管理，大多数名人故居已经失去了当年的风采。江阴市刘氏兄弟故居是我国文化名人刘半农、刘天华、刘北茂三兄弟的故居。2003年前后，当地政府执意要将刘氏故居"移建"。此计划遭到侯仁之教授、吴良镛教授等五位专家学者的反对，他们呼吁"紧急建议立即撤销拆建'刘氏兄弟故居'的计划，保持历史文物原貌"，受到有关部门的重视，并组织专家现场勘察，使原定错误计划得以制止。

如今大部分名人故居已经作为民居超负荷利用，对于这些"养在深闺人未识"的名人故居，各级政府应发挥引导作用，向居民详细介绍故居以及相关的历史背景，使他们能够积极支持名人故居的保护。还可以利用各种资源，调动名人后代、基金组织、保护协会等社会群体的力量，形成名人故居保护的合力。名人故居也是一所特殊的学校，是人们学习历史文化，缅怀先贤业绩，弘扬前人美德的重要场所，具有很强的教化作用和陶冶情操的功能，尤其是具有对青少年进行思想教育的作用，很多名人故居已成为爱国主义教育基地。荔湾区建设西关风貌区，采取增加文化设施，保护名人故居的做法，无疑都是正确的，但是不应该采取"没有居民居住"的方针和目标。

在全国各地，有一些保护名人故居的成熟经验。例如，上海市卢湾区，孙中山、宋庆龄、陈独秀、徐志摩等名人都曾在卢湾居住、生活过，其中丰子恺旧居采取的"民办公助"恢复名人故居的新模式，为其他名人故居的保护性再利用提供了可资借鉴的经验。天津市名人故居的保护和利用工作由文物、规划和旅游等多个部门共同参与，取得了较好的效果，已有26处名人故居被公布为天津市文物保护单位，其中以军政名人的故居为主，集中在五大道历史街区一带的名人故居全部挂上了说明牌，目前已成为天津的旅游热点地区。在青岛的大街小巷中，分布着许多名人故居，大多数已作为文物保护单位得到了良好的保护。2010年5月，我们有幸参加了"骆驼祥子博物馆"的开馆仪式。绍兴鲁迅纪念馆包括由纪念馆管辖的鲁迅故里文物群，每年接待游客量达到了100万人左右，作为绍兴市推出的"跟着课本游绍兴"活动的主要参与者。今天，荔湾区也提出文化与教育相结合，包括红线女等文化事迹与学生们文化学习互动，这是很好的做法。

山东青岛文化名人故居一条街（2010年5月24日）

在中国历史文化名街保护工作座谈会上的讲话

（2011 年 1 月 13 日）

今天上午，"中国历史文化名街主题艺术展"顺利开幕；下午，我们又相聚在这里，再度探讨中国历史文化名街的保护工作。中国历史文化名街评选推介活动启动以来，先后公布中国历史文化名街20处。两年来的实践表明，这项活动产生了良好的效果。

从政府层面来看，此项活动得到各地政府的高度重视，保护历史文化名街的积极性和热情明显提高；一些省和城市公布了省级和市级历史文化街区，加大了历史文化街区的投入和保护力度；制定相应的法规，将本地区最富历史文化内涵和魅力的街区纳入了法律保护的范畴；一些地方进一步制定和完善了历史文化名街整体保护规划，努力使本地区具有民族特色的历史建筑避免遭到破坏。

从社会层面来看，各地民众积极支持和参与历史文化名街的保护工作，体现了较强的主人翁意识；各地对参与评选的积极性十分高涨，报名参加评选的历史文化街区也呈增加趋势；相关专家不断进行呼吁，提出了许多建设性的意见；各主要媒体高度关注，进行了广泛的宣传报道，提高了中国历史文化街区的知名度，在社会上唤起了社会公众对于历史文化街区的保护意识。

中国历史文化名街专家座谈会（2011年1月13日）

"中国历史文化名街"评选推介与保护发展座谈会成员合影（2014年7月29日）

今年，我们将要启动第三届中国历史文化名街评选推介活动。如何在前两届成功的基础上做得更好，将名街评选活动推向深入，更好地推动历史文化街区保护，这里我谈几点看法。

一是要认真总结，深入调研，进一步夯实历史文化街区保护和管理基础工作。历史文化街区既是历史文化名城的有机组成部分，又是广大民众日常生活的场所，更是城市发展的文脉所在。相对于其他类型的文化遗产保护，历史文化街区保护与管理基础工作在全国范围内仍然较为滞后。目前，一些街区积累了不少成功的经验，例如苏州市在山塘街历史文化街区的保护和整治过程中，致力于整体风貌保护、重要节点修复、基础设施建设和文化内涵挖掘工作，推动历史文化街区保护成果惠及民众，实现了文化遗产保护与经济社会发展的良性互动；哈尔滨、扬州等城市通过完善基础设施，改善历史文化街区环境和居民生活水平，走出了一条政府主导、依法管理、群众参与的路子等。要在认真总结各地近年来历史文化名街保护经验的基础上，开展全国历史文化街区的调研工作，对历史文化街区的保护现状等方面进行全面调查，形成全国历史文化街区基础资料信息库，并适时向社会公布。在开展全面调研的基础上，要组织行业内外的专业力量进行深入研究，廓清历史文化街区保护过程中存在的若干重大问题，创新体制机制，借鉴国外经验，充实细化相关法规，推动历史文化街区保护管理的法制化、规范化进程。

二是要强化责任，广泛动员，进一步形成历史文化街区点、线、面立体化保护格局。当前，由于城市化进程的加快，国内大中城市掀起了城市面貌改造、升级换代的热潮，"旧城改造"中存在的盲目开发建设对历史文化街区造成了不可挽回的破坏。2008

年国务院公布执行的《历史文化名城名镇名村保护条例》，对历史文化街区相关保护措施做出了明确要求，这需要各级行政部门承担起使命，切实履行职责，真正将各项保护措施落实到位，从点、线、面形成立体化保护格局。要深入研究历史文化街区保护问题，制订科学保护规划，并将其纳入城乡建设规划，从整体上做好保护工作。要将历史文化街区保护与历史文化名城保护、世界文化遗产保护和重点文物保护等文化遗产保护形式结合起来。和其他类型的文化遗产相比，历史文化街区特殊之处在于当地居民仍居住其中，他们对历史文化街区最有感情、最有发言权，他们真心的拥护是历史文化街区持久保护最可靠的力量。当地居民是历史文化街区的主人，享有知情权和管理参与权。要积极取得社会公众特别是当地居民的参与，注重培养当地的志愿者队伍，激发他们对故土的热爱和自豪感。要通过加强传统民居建筑维修、完善生活基础设施、改善社区生态环境等措施，提高居民生活质量，增强历史文化街区的吸引力和公众参与历史文化街区的积极性和主动性。

三是要突出特色，整体保护，进一步凸显历史文化街区的多样性、真实性。由于发展水平不平衡等原因，边疆地区、西部地区和少数民族聚居区的一些历史文化街区面临着保护困境。一些城市的发展仅仅注重经济功能而忽略其中应有的文化质量，仅仅注重物质结构而忽视文化生态和人文精神，将历史文化街区中的居民全部迁出，把民居改为旅游和娱乐场所，使历史文化街区失去了传统的生活方式和习俗，即失去了文化遗产真实性。因此，提倡在保护好文物建筑的同时，注重保护传统民居及其环境，将具有突出价值的历史文化街区纳入文化遗产保护范畴，实施整体保护。不仅保护物质文化遗产，还要保护与之相联系的、活态的文化传统和生活方式。同时，要加强传统民居、社会生活方式的保护和传承，防止街区文化环境解体和空壳化倾向。

四是要完善程序，注重宣传，进一步做好中国历史文化名街评选推介活动。今年如何在前两届活动成功举办的基础上，将评选活动推向深入，在评选范围、评选标准、评选方法上达成更加明确的共识，使活动更具广泛性和公信力，是值得大家认真思考的问题。去年，我们在深入征求专家和各方面意见的基础上，制定了"中国历史文化名街"的入选标准，提出了"历史要素""文化要素""保存状况""经济文化活力""社会知名度""保护与管理"等六项标准，对评选活动起了很好的规范和推动作用。今年，我们要深刻总结前两届评选活动的经验，继续

阿根廷布宜诺斯艾利斯卡米尼托街区街道景观（2011年2月17日）

完善标准公开、大众参与、专家主导、媒体监督的评选方式，"敞开大门"办评选。利用行业内外主流媒体阵地，不断评估和细化评选标准；通过现代高科技和新媒体力量，不断扩大大众参与范围和深度；积极接受广大媒体监督，确保评选公开、公平、公正，进一步增强活动的公信力。

最后，要特别感谢中国历史文化名街评选推介活动组委会和各位专家，为此项活动的开展付出的心血和努力。相信在各方面的共同关注和大力推进下，这项活动会越办越好，"中国历史文化名街"一定会更有魅力，并为更多的民众认知、喜爱、珍惜和爱护。

墨西哥普埃布拉历史中心历史街区（2011年2月20日）

在第三届"中国历史文化名街" 评选推介新闻发布会上的讲话

（2011 年 4 月 8 日）

"中国历史文化名街"评选推介工作是近年来探索城市文化遗产保护展示新途径的一项重要成果。由于它是新事物，既充满活力，又富于挑战。因此需要社会各界的关注、关心和大力支持，尤其需要媒体朋友的大力宣传。下面我想跟大家简要谈一谈我们对这项工作的理解和思考。

我认为，开展"中国历史文化名街"评选推介活动具有重要的意义。

一是城市化的迅猛发展迫切要求加强对历史文化街区的保护。当前我国正处于城市化进程持续加快的历史时期，城市基本建设如火如荼，所谓"旧城改造""危旧房改造"等工程不断上马，许多传统建筑和历史文化街区建筑群被破坏甚至拆除，而"明代一条街""清代一条街"等假历史文化街区不断出现。城市历史文化街区保护面临巨大压力，城市文化血脉传承任务异常艰巨。在这种形势下，"中国历史文化名街"评选推介活动的开展，向人们回答了什么是真正的历史文化街区，有力地提升了历史文化街区保护的知名度，凸显了历史文化街区在城市文化遗产保护中举足轻重的作用和地位，揭开了历史文化街区保护新的一页。

二是历史文化街区保护是城市文化遗产保护的关键环节。历史文化街区是历史文化城市的重要内容和鲜明特色，是体现历史文化城市特别是历史文化名城有别于一般城市的重要标志。在当前对整座历史文化城市进行整体保护难以实现的情况下，历史文化街区的保护成为城市文化遗产保护承上启下的关键环节，它在历史文化城市整体保护与文物单体保护之间架起了一座桥梁，既是落实历史文化名城保护工作的主要载体，也是将城市单体文物保护整合为集中连片保护的重要措施。

三是历史文化名街保护实践体现了城市文化遗产保护新理念。经过多年的探索，我们对历史文化街区保护积累了一些成功的经验，形成了一些新的保护理念。例如，从单体文物保护为主到更加注重集中连片的街区整体保护；从对文物本体的保护到文物与其周边历史环境风貌的整体保护；从物质文化遗产保护到物质与非物质文化遗产保护并重；从单纯文化遗产保护到文化遗产保护与民生和当地经济社会发展紧密结合等。历史文化街区的保护不再仅仅是保留和保护物质实体，更包括了居民的生活习俗、传统技艺、精神风貌等人文要素，使历史文化街区在增设必要的基础设施和公共服务设施，改善街区功能的同时，仍然保留其独特的技艺传统、生活习惯和精神特质，使历史文化街区的民众既能享受现代生活的便利，又为这座城市保留了厚重的历史文化气息。"中国历史文化名街"评选推介活动开展三年来，取得了显著的成效。

一是"名街"评选成为开展历史文化街区保护的强大动力。"中国历史文化名街"评选推介活动，唤起了地方各级政府、城市居民的申报热情，第一届评选推介会申报街道近200条，第二届达到近300条，第三届达到了近400条。在这一活动带动下，各地极大地增强了对其历史文化街区保护的自觉性，促进了保护工作的开展。一些省区市和城市在积极申报"中国历史文化名街"的同时，还公布了当地省市级历史文化街区，加大了对历史文化街区的投入和保护力度。实践证明，这一活动得到了地方政府、当地居民、社会各界和广大公众的广泛认同，具有广阔的前景。

二是一批已入选的"名街"成为历史文化街区保护的范例。苏州山塘街、哈尔滨中央大街、福州三坊七巷等已经入选"中国历史文化名街"的街区，结合各自的实际，摸索出具有自身特色的路子。例如福州三坊七巷的保护和整治，不仅致力于整体风貌保护、重要文物点修复、基础设施建设，而且注重文化内涵的挖掘，注重推动历史文化街区保护成果惠及民众，实现了物质遗产与非物质遗产的整体保护，实现了遗产保护与经济社会发展的良性互动；哈尔滨、扬州等城市通过完善基础设施，改善街区环境

第三届"中国历史文化名街"专家评审会（2011年4月6日）

和居民生活，走出了一条政府主导、依法管理、民众参与的路子。这些经验，为其他地区的历史文化街区保护提供了示范和借鉴。

三是历史文化街区保护管理的法规规章和制度建设不断加强。在推进历史文化街区保护管理和展示宣传的过程中，一些地方逐步总结经验，积极探索建立历史文化街区文化遗产保护管理专门机构；制定了相应的法规规章，将本地区最富历史文化内涵和魅力的街区纳入了法制化保护的范围；一些地方制定和完善了历史文化名街整体保护规划。各地的积极探索，为制定国家层面的历史文化街区保护管理法规制度，进一步规范历史文化街区保护管理工作提供了宝贵经验。

随着"中国历史文化名街"评选推介活动的逐步展开和深入，评选活动以及历史文化街区保护管理等有关问题逐渐显露出来。例如，历史文化街区保护管理规章制度不完善，保护管理机构和队伍建设滞后，保护经费投入不足；有关历史文化名街评选的标准需要进一步细化等。这些问题是发展中出现的问题，我们要努力去解决。当前需要重点解决的问题如下。

一是积极发挥"中国历史文化名街"的示范引领作用。目前，一些街区在妥善处理文化遗产保护、传承、利用、发展的关系方面开展了许多有益的尝试，积累了不少成功的经验。及时总结这些历史文化名街的保护管理经验，不仅是名街评选活动的应有之义，而且也有利于进一步完善评选标准，使评选活动进一步规范化，更是提升历史文化街区保护管理工作的重要基础。我们要在认真总结各地近年来历史文化名街保护管理经验的基础上，构建和完善全国历史文化街区保护管理的体制机制和展示利用的方法手段。

二是大力加强历史文化街区保护管理的基础工作。相对于其他类型的文化遗产保护，历史文化街区保护管理基础工作在全国范围内仍然较为滞后。近期，我们将适时启动开展全国历史文化街区的调研工作，对历史文化街区的保护管理现状进行实地调研，逐步形成全国历史文化街区基础资料信息库。在此基础上，组织行业内外的专业力量进行深入研究，廓清历史文化街区保护过程中存在的若干重大问题，创新体制机制，借鉴国外经验，深入研究相关法律法规，探索制定专门法规，推动历史文化街区保护管理的法制化、规范化进程。

三是按照"四好"标准做好历史文化街区保护工作。历史文化街区是城市居民的聚居区，也往往是一座城市的中心区域，黄金地段。因此历史文化街区的保护要考虑到各方面的复杂因素。总体来讲，历史文化街区的保护要坚持"文物本体保护好、周边环境整治好、经济社会发展好、民众生活改善好"的"四好"标准。只有这样，历史文化街区的保护才能得到当地政府的重视和支持，才能得到当地居民和广大公众的拥护，保护工作的人、财、物资源才能得到保障，从而最大限度地实现文化遗产真实性和完整性的保持，并使文化遗产保护成为促进文化繁荣、促进民生改善、促进社会和谐发展的重要力量。

让名街评选成为城市特色文化建设的积极力量①

（2011 年 4 月 28 日）

　　"中国历史文化名街"评选推介活动，是在我国城市化进程持续加快，城市历史文化街区保护面临重大压力，城市文化血脉传承任务异常艰巨的历史条件下开展的一项开创性活动。它在历史文化名城保护与文物单体保护之间架起了一座桥梁，既将历史文化名城保护落到了实处，也将传统的文物单体保护整合为集中连片保护，成为城市文化遗产保护的关键环节。

　　不同的时代，各届政府的政绩观不同，文物保护和历史街区的境遇也就不同。20世纪80年代，"文化大革命"刚刚结束，百废待兴。政府着力解决的是温饱方面的问题，无暇也无力顾及其他，历史街区受冷落。90年代，政绩观主要是围绕GDP和经济速度，经济的发展，也带来很多弊端，历史街区遭遇大破坏。新的10年，很多城市已经有了实力，开始追求城市的形象。历史街区虽然较之过去受到重视，但是也出现了"保护性破坏"的现象，仿古一条街、仿古街区等也大量出现。30年过去了，民生问题仍然是今天的主题，但今天关注的民生和30年前关注的民生不在一个层次上，特别是在内涵方面有了很大变化，文化、健康和精神方面的

---

① 此文发表于《中国文化遗产》2011 年第 2 期，第 1 页，2011 年 4 月出版。

内容日益受到重视。历史街区、传统建筑的价值和作用逐步显示出来，更为地方政府所关注。

在这个背景下，"中国历史文化名街"评选推介活动的开展具有以下几个方面意义。

第一个意义在于广泛的社会影响力，在各级政府中产生了积极的效果。自2008年10月"中国历史文化名街"评选推介活动启动以来，在有关部门和社会各界的关心支持下，中国文化报社、中国文物报社做了大量细致的工作。3年来，这项活动得到了越来越多的地方政府、广大民众和社会各方面的热烈欢迎和大力支持，极大地增强了各地历史文化街区保护的自觉性，带动了各地历史文化街区保护的热情。一些省、自治区、直辖市公布了当地省市级历史文化街区，加大了历史文化街区的投入和保护力度；一些城市制定相应的法规，将本地区最富历史文化内涵和魅力的街区纳入了法律保护的范围；一些地方进一步制定和完善了历史文化名街整体保护规划，努力使本地区具有民族和地方特色的历史建筑免遭破坏。苏州山塘街、哈尔滨中央大街、福州三坊七巷等已经入选"中国历史文化名街"，结合各自的实际，在整体风貌保护、重要节点修复、基础设施建设和文化内涵挖掘方面开展了有益的探索，摸索出具有自身特色的路子，为其他地区的历史文化街区保护提供了借鉴。

第二，从实践层面评价，"中国历史文化名街"评选推介活动意义重大。首先，这项活动使各地领导认识到，历史文化街区保护既能提升城市形象、带动地区经济发展，同时又是一项能够将保护成果惠及当地民众的民生工程。其次，"中国历史文化名街"评选推介活动对我国城市的发展模式具有指导意义。当前，我国一些城市在发展过程中定位不明确，从而导致发展模式的趋同性。随着社会文物保护意识的增强，许多城市开始关注有自身特色的历史文化街区，例如，北京的南锣鼓巷、成都的宽窄巷子，这种"我有他无"的城市文化特色日益显出其重要地位，对于改变城市"千城一面""千街一面"的趋势起到了一定的积极作用。

第三，引领作用、指导作用十分明显。"中国历史文化名街"至今评选出的街道，皆是我国历史文化街区的典型代表，并且和宣传活动叠加在一起，对于树立城市、街区正确的保护理念，起到了很好的示范作用。

今年，"中国历史文化名街"评选活动的覆盖面和参与度与前两届相比又有了进一步的拓展，报名参加评选的历史文化街区已经达到近400条。这充分说明，在短短的3年间，这项活动得到了全国各地的广泛认可，其社会影响力越来越大，社会知名度越来越高，也说明了这项活动的广阔前景。但怎样发挥"中国历史文化名街"在文化民生中的更大作用，使历史文化名街挂牌以后可持续地为城市经济发展做出贡献，吸引更多的社会公众参与，还需要评选活动予以持续关注。我们将继续支持和推进"中国历史文化名街"评选推介活动、历史文化街区的保护管理和宣传展示工作，为我国的文物保护、历史文化名城保护提供有力的支撑。

在中国历史文化名街成果展开幕式上的讲话

（2011 年 6 月 11 日·山东曲阜）

今天是第六个中国文化遗产日，在孔子故乡古城曲阜举办中国历史文化名街成果展，具有特别的意义。

从2009年至今，中国历史文化名街评选推介活动已连续举办三届，评选出了30条中国历史文化名街。其中每一条名街都是美的浓缩、诗的化身，是中国文化、中国艺术、中国智慧的结晶。每一条名街都有着闪光的历史、悠久的文化和自身的特色，都是各级政府和当地民众积极保护的结果。近年来，随着我国经济社会的发展，历史文化街区日益成为城市文化遗产保护的一个焦点，越来越多的地方政府、广大民众和社会各界关心、支持和参与历史文化街区的保护。大家越来越认识到，历史文化街区保护既能提升城市形象，带动经济发展，同时又是一项惠及当地民众的民生工程。

历史文化名街的评选推介是一项开拓性的工作，需要大家的关心、支持和爱护。通过举办历史文化名街评选成果展览，可以使更多的公众深入地了解历史文化名街的丰富内涵，领略历史文化名街的独特魅力，从而使广大公众进一步增强历史文化街区保护的热情、责任心和使命感，进一步推动历史文化街区的保护和展示利用工作，为保护传承历史城市的文化底蕴，建设具有中国特色的城市文化，构建城市居民美好精神家园，做出积极贡献。

在中国历史文化名街惠山老街揭牌仪式上的讲话

（2011 年 6 月 14 日·江苏无锡）

作为中国第六个"文化遗产日"的系列活动内容之一，第三届"中国历史文化名街"评选日前在山东济宁揭晓，今天又隆重举行"中国历史文化名街"——无锡惠山老街揭牌仪式。

无锡，是国家历史文化名城，是吴文化的重要发源地，近代民族工商业发祥地，享有"太湖明珠"的美誉，文化遗产资源丰富。近年来，无锡市在新一轮城市有机更新和转型发展过程中，正确处理文化遗产保护与经济社会发展的关系，为文化遗产保护做出了卓有成效的不懈努力。

惠山老街是一条融自然山水与人文历史于一体、集外在灵秀与内蕴丰富于一身的江南古街区，此次被评为"中国历史文化名街"，一方面彰显了街区本身具有的深厚文化底蕴、鲜明发展活力和广泛社会影响；另一方面，充分反映出无锡市尊重文化遗产、推进街区保护修复工程所取得的重要成果，是无锡人民热爱故土、投身历史文化街区保护的生动写照。

希望惠山老街以荣获"中国历史文化名街"为契机，全面推进惠山文化景观遗产保护修复，努力探索有效保护、合理利用的文化遗产保护新途径，为我国文化遗产保护与经济社会协调发展提供鲜活经验。

在《福州朱紫坊文化遗产保护规划》专家评审会上的发言

（2011 年 7 月 28 日·福建福州）

今天评审的《福州朱紫坊文化遗产保护规划》，所阐述的历史文化街区文化遗产价值定位准确，规划目标和总体框架科学，技术路线和技术方案合理，保障措施和实施方案可行。建议按照今天评审会专家的意见进行修改后，尽快组织实施。

福州朱紫坊文化遗产具有复合价值，包括文化与自然、物质与非物质、可移动与不可移动、静态与动态、历史与现代。因此，必须多样性地认知福州朱紫坊文化遗产的价值，进行深入挖掘，综合分析。大到对于朱紫坊历史街区与山水格局的历史渊源

《福州朱紫坊文化遗产保护规划》专家评审会（2011年7月28日）

和空间关系，小到古树、古井、古桥、牌坊、门楼等具有地域特色的文化要素。

在三坊七巷历史文化街区保护规划实施之后，开展朱紫坊文化遗产保护规划，可以借鉴几年来规划实施的经验和不足。三坊七巷历史文化街区保护已经取得了重要成果，工作还在深化，效果持续展现，成为全国保护历史文化街区的典范，同时三坊七巷历史文化街区所开展的社区博物馆试点工作进展顺利，即将在全国博物馆系统开展总结推广工作。

今天，面临城市化加速发展进程，面临持续的大规模城乡建设，人类社会珍贵的文化记忆正在以前所未有的速度消失。在此情势下，文化遗产保护不能再囿于传统框架，不能再将文化遗产保护的影响范围，循规蹈矩地限定在原有的有限领域，而应该努力站位时代的前沿，"大胆设想、小心论证、积极推进、科学实施"，唯有如此，才能将更多的文化遗产纳入抢救保护之列。我认为对于三坊七巷、朱紫坊、乌山、于山、乌塔、白塔，即"两山—两片—两塔"地区应该进行整体保护，形成整体的文化遗产保护特区。

对于任何具有价值的历史文化信息都要慎重对待，最大限度地加以保护。对于每一户原住民都要尽可能满足多样化的意愿，使相当比例的原住民在保护规划实施过程中，留在原地。要通过制定切实可行的措施，实现当地居民的有机疏散，实现历史文化街区的有机更新，使朱紫坊历史文化街区走上小规模、渐进式、微循环的有机更新保护整治之路。要使保护成果惠及市民生活和参观者的需求，使传统建筑得到合理利用。通过名人故居、民俗博物馆、民办博物馆等的实现，构成朱紫坊博物馆聚落，实现社区博物馆的理念，并整体申报中国历史文化名街。

在福州三坊七巷社区博物馆揭牌仪式上的讲话

（2011 年 8 月 24 日·福建福州）

今天，我们为首批社区博物馆示范点，也是我国首座社区博物馆—福州三坊七巷社区博物馆隆重举行揭牌仪式。

福州是国务院公布的第二批国家历史文化名城。悠久的历史给福州积淀了深厚的文化底蕴。作为闽都文化的重要代表，三坊七巷是我国目前在都市中心保留的规模最大、最完整的明清古建筑街区。它曾是古代的儒林学士、文人墨客；近代的革命先驱、民族精英；现代文坛巨匠、工商名人的聚居地，承载着福州厚重的历史和人文情感，浓缩着福州千年的历史。

福建三坊七巷历史街区（2009年7月18日）

近年来，福建省、福州市高度重视国家历史文化名城和历史文化街区保护工作，从2007年11月三坊七巷保护修复工程启动以来，先后投入资金38亿元，有效保护了三坊七巷历史街

福建漳州石牌坊（2006年5月31日）

区文物和非物质文化遗产的真实性与完整性。2010年引入社区博物馆理念，制定了《福州三坊七巷社区博物馆规划及近期实施方案》，结合三坊七巷街区的维修和保护，以众多的文物古迹、名人故居和民居街巷为载体，全面保护并展现三坊七巷富有地方特色和集体记忆的文化空间。目前，已基本形成了具有丰富文化内涵和鲜明个性特点的社区博物馆架构，并努力将博物馆的文化遗产保护、传承、展示和宣传等功能，与三坊七巷历史文化街的保护、现代社区的发展等相互协调，融为一体，实现保护与发展的统一。

今天，福州三坊七巷社区博物馆正式揭牌成立，标志着社区博物馆的发展进入了新阶段。国家文物局将继续密切关注三坊七巷社区博物馆的发展。我们相信，在福建省、福州市的高度重视和大力支持下，三坊七巷社区博物馆一定能够抓住机遇，切实遵循社区博物馆的基本规律，积极探索，勇于实践，加强科学规划，结合实际情况不断丰富和完善发展模式，率先建立科学有效的民族民间文化遗产保护机制，切实维护地域文化的多样性和特殊价值，并不断积累经验，充分发挥示范和辐射作用，为推进全国社区博物馆发展做出更大贡献。

在历史文化街区保护和管理工作
研讨会上的讲话

（2011 年 9 月 17 日）

　　国际上，重视历史文化街区的保护始于20世纪60年代，起步较早的有法国和英国。我国历史文化街区保护工作始于20世纪80年代。1986年，国务院在公布第二批国家历史文化名城的同时，首次提出了"历史文化保护区"的概念，要求地方政府依据具体情况审定公布地方各级历史文化保护区。从20世纪80年代起，北京、浙江、安徽、山东、广东、四川、江苏等省相继开展了历史文化街区的划定和保护工作。1993年，国家文物局和建设部在湘潭召开全国历史文化名城工作会议，第一次提出历史文化街区的概念。

　　2002年修订的《文物保护法》和2003年公布的《文物保护法实施条例》正式确立了历史文化街区的法律地位、公布程序、保护措施和法律责任。2005年《国务院关于加强文化遗产保护的通知》提出，进一步完善历史文化街区的申报、评审工作，地方政府要认真制定保护规划，把历史文化街区保护规划纳入城乡规划，历史文化街区的布局、环境、历史风貌遭到严重破坏的，应当依法取消其称号，并追究有关人员的责任等要求。2008年《历史文化名城名镇名村保护条例》首次明确了历史文化街区的含义，并确定了"核心保护范围和建设控制地带"的保护措施，但是，并未规定进一步的保护措施，只是规定历史文化街区保护的具体实施办法，由国务院建设主管部门会同国务院文物主管部门制定。目前，对于历史文化街区仍然缺乏完善的保护制度。在全国范围内，历史文化街区保护与管理的基础工作相对于其他文化遗产保护仍然较为滞后，存在许多问题。

一是"旧城改造"中的盲目开发建设对历史文化街区传统格局的破坏。一些城市在开发建设中大拆大建，不仅破坏了原有的社会组织结构，而且使很多具有重要历史、艺术和科学价值的历史文化名街遭到灭顶之灾，使原有的历史文化街区丧失了传统肌理，失去了特色风貌。一些在历史上发挥过重要作用、在人们生活中影响深远、具有重要文化与情感价值的历史文化街区，以及其中的传统民居，常常因"旧城改造"或"危旧房改造"，沦为"无知"与"无畏"的牺牲品。

浙江八字桥历史街区（2006年5月31日）

二是"拆毁真古董，制造假古董"的行为盛行泛滥。一些城市在所谓尊重历史的幌子下陆续推出了许多由传统街道改造而成的"汉街""宋街""明清一条街"等仿古街，大批真实的物质文化遗产被拆毁，然后又花费很多资金建设许多假的东西，独具特色的历史文化街区沦为失去真实价值和历史信息的"假古董"。

三是过度旅游和商业开发破坏历史文化街区的文物"原真性"。在不正确的政绩观和唯利是图思想驱使下，一些地区仅仅注重历史文化街区的经济功能，而忽略其中应有的文化质量，仅仅注重表面形式而忽视文化生态和人文精神，将历史文化街区中的居民全部迁出，把传统民居改造为游乐场所，使历史文化街区失去了传统的生活方式和习俗，失去了文化遗产的原真性。

四是不合理定位改变历史文化街区环境。许多城市的规划设计不是从这个地区的文化特点出发，而是盲目追求新奇特的感观刺激和标新立异的轰动效应；不尊重城市的发展历史，不尊重市民的生活习俗，背离文化遗产保护规律，破坏了历史文化街区原生态环境。例如，北京什刹海地区曾以宁静优雅的环境和独具古典特色的人文风貌而著称，在20世纪末的"旧城改造"中变成一个"酒吧区"，原有的自然与人文和谐共处的环境受到伤害。

当前，历史文化街区保护的法律法规仍然不健全不完善，法规授权的立法工作仍然未能得到落实，这些对于历史文化街区保护十分不利。因此，必须加快完善历史文化街区保护的立法，并且科学地设计保护制度。历史文化街区保护制度要体现以下几个原则。

一是要保护历史文化街区的真实历史。要保存真正的历史原物，对区内的文物保护单位和历史建筑要进行抢救、维修，不得拆除后再造，经过重建的历史文化街区徒有其形，真实历史信息已然丢失，文化遗产价值将大打折扣。在满足原住居民现代生活需要同时，也要尽可能地保持历史文化街区传统的生活方式。

二是要保护历史文化街区的整体历史风貌。建筑的外观依原貌维修，室内可以按现代生活的要求进行改善，增加必要的设施。此外，还要保护构成历史风貌的其他要素，包括道路、街巷、院墙、溪流、驳岸、古树等。

三是要维护历史文化街区功能的延续和历史文化的传承。历史文化街区是一个成片的地区，有大量居民在这里生活，是活态的文化遗产，不能只保护那些建筑的躯壳，还应该保存它承载的文化，保持社会生活的延续性，保存文化多样性。

四是要建立政府引导、社会参与、共同保护、共同受益的体

安徽万安老街（2011年3月25日）

制机制。保护历史文化街区首先要强调政府责任，当地政府是文化遗产保护第一责任人。保护历史文化街区要保证原住居民的合法权益，要让原住居民参与历史文化街区的保护、管理，涉及历史文化街区的重大事项要注意听取当地居民意见。保护历史文化街区既要保护遗产、传承文化，又要改善环境、惠及民生。保护历史文化街区也要适应现代经济社会要求，通过合理利用，让历史文化街区活力再生，进而促进城市经济社会的和谐发展。

中国文化报社等单位共同开展的"中国历史文化名街评选推介"活动，对于提高全社会保护历史文化街区的意识是件大好事，并且也已经产生了重要影响。希望你们继续发挥专业研究机构的优势，加大调查研究力度，提出科学的意见建议，推动历史文化街区保护的法制建设，为保护我国珍贵的历史文化遗产做出更多更大的贡献。

江西赣州市历史街区（2011年7月20日）

在第四届"中国历史文化名街"专家评审会上的讲话

（2012 年 4 月 7 日）

"中国历史文化名街"评选推介活动，是在我国城市化进程持续加快，大规模城市建设持续展开，各个历史性城市的历史文化街区保护面临重大压力的情况下，开展的一项具有开创性意义的文化行动。2002年新修订的《文物保护法》明确规定了要加强历史文化街区的保护。"中国历史文化名街"评选推介活动的开展，有力地提升了对于历史文化街区保护的社会关注程度，显示出历史文化街区在文化遗产保护中举足轻重的重要意义，形成了历史文化名城保护与文物单体保护之间不可或缺的中间层次，既将历史文化名城保护落到了实处，也将传统的文物单体保护整合为集中连片保护，成为城市文化建设和文化遗产保护的关键内容。

"中国历史文化名街"评选推介活动启动以来，先后公布了30处中国历史文化名街。三年来的实践表明，这项文化活动产生了良好的效果。一是此项活动得到各地政府的高度重视，保护历史文化名街的积极性和热情明显提高。在这项活动的影响下，一些城市公布了省、市级历史文化街区，加大了历史文化街区的投入和保护力度；一些城市制定相应的法规，将历史文化街区纳入了法律保护的范畴；一些地方制定和完善历史文化名街的保护规划和详细规划，使保护工作有序开展，避免了历史街区和传统建筑遭到破坏。二是各地民众积极支持和参与，参与评选的积极性更加高涨，报名参加评选的历史文化街区越来越多；相关专家不断进行呼吁，提出了许多建设性的意见；各主要媒体持续关注，进行了广泛的宣传报道，唤起了社会公众对于历史文化街区的保护意识。

"中国历史文化名街"评选推介活动之所以取得成功，总结起来有以下几方面经验。一是中国文化报社等主办单位抓住当前保护工作的薄弱环节，推动历史文化街区的保护，在一定程度上填补了文化遗产保护的空白，引起社会各界的广泛关注。二是这项活动从一开始，就由全国在历史文化街区保护方面最富经验、最具权威的专家学者把关，进行评选推介。三是在深入征求专家和各方面意见的基础上，制定了"中国历史文化名街"的入选标准，提出了"历史要素""文化要素""保存状况""经济文化活力""社会知名度""保护与管理"等六项标准，对评选活动起了很好的规范作用。四是持续进行社会宣传，唤起各个城市参与这项活动的积极性和广大民众保护历史文化街区的热情。这些为持续开展中国历史文化名街评选推介活动打下了很好的基础。

我非常赞成刚才郭旃先生对今后进一步完善"中国历史文化名街"评选推介活动提出的建议，需要进一步完善"中国历史文化名街"的定义、内涵和要素，以及保护管理的要求，建议抓紧开展此项工作。为了进一步做好中国历史文化名街评选推介活动，应在前三届活动成功举办的基础上，将评选活动推向深入，在评选范围、评选标准、评选方法上达成更加明确的共识，包括对于报审材料的规范性进一步明确，并加以把关，使今后的活动更具广泛性和权威性。今年，我们要总结前三届评选活动的经验，继续完善标准公开、大众参与、专家主导、媒体监督的评选方式，不断扩大社会公众参与范围和深度，积极接受广大媒体的监督，确保评选公开、公平、公正，进一步增强活动的公信力。

我也十分赞成刚才一些专家的意见。我们十分珍惜"中国历史文化名街"的称号，每年只评审10处，格外重视评审的质量，取得了较好的效果，这一原则应该继续坚持。随着进入"中国历史文化名街"名录的历史文化街区数量增加，建议适当考虑列入中国历史文化名街的代表性、多样性和平衡性。特别是由于发展水平不平衡等原因，边疆地区、西部地区和少数民族聚居地区的一些历史文化街区面临着保护的紧迫性。同时，这些地区在申报"中国历史文化名街"的过程中存在着明显的能力建设问题，因此可以对这些地区独具特色的历史文化街区给予特别重视。

今年，我们已经启动第四届"中国历史文化名街"评选推介活动。希望在前三届成功的基础上做得更好，将名街评选活动推向深入，更有力地推动历史文化街区保护。同时，要积极呼吁做好历史文化街区保护和管理基础工作。历史文化街区既是历史文化名城的有机组成部分，又是广大民众日常生活的场所，更是城市发展的文脉所在。相对于其他类型的文化遗产保护，历史文化街区保护与管理基础工作在全国范围内仍然较为滞后。因此，中国历史文化名街应该成为历史文化街区保护的样板，避免"重申报、轻管理"在历史文化街区保护中发生。要在认真总结各地近年来历史文化名街保护经验的基础上，开展历届评选出来的中国历史文化名街的调研工作，对这些历史文化街区的保护现状等进行全面调查，形成中国历史文化名街基础资料信息库，并适时向社会公布。

当前，各地政府刚刚完成换届，一些历史性城市的政府领导纷纷提出加快"旧城改造""危旧房改造"的主张，在一些城市又掀起城市改造的高潮，历史文化街区和传统建筑遭到破坏的消息不断传来。一些城市的发展仅仅注重经济功能而忽略其中应有的文化质量，仅仅注重物质结构而忽视文化生态和人文精神，将历史文化街区中的居民全部迁出，把民居改为旅游和娱乐场所，使历史文化街区失去了传统的生活方式和习俗，即失去了文化遗产真实性。因此，应注重保护传统民居及其环境，实施整体保护。不仅保护物质文化遗产，还要保护与之相联系的、活态的文化传统和生活方式。同时，要加强传统民居的保护，社会生活方式的传承，防止历史文化街区文化空间解体和传统建筑空壳化倾向。

今天各位专家再次齐聚一堂，共同推选第四批"中国历史文化名街"。不但本着公开、公平、公正的原则，评选出最具有价值、最迫切需要保护的历史文化名街，而且对历史文化街区的保护和展示宣传工作提出了宝贵意见和建议。相信在我们和各方面的共同关注和大力推进下，"中国历史文化名街"评选推介活动一定会越办越好。

在"中国历史文化名街保护同盟"
成立大会上的讲话

（2012 年 9 月 22 日）

今年，无论在世界文化遗产保护史上，还是在中国文化遗产保护史上，都是值得纪念的一年。因为，40年前的1972年，国际社会诞生了《保护世界文化与自然遗产公约》，30年前的1982年，我国诞生了《中华人民共和国文物保护法》，今天我们来到世界文化遗产城市、中国历史文化名城杭州，召开中国历史文化名街保护同盟成立大会，意义非凡。

《保护世界文化与自然遗产公约》诞生以来的40年间，历史城区、历史街区的保护逐渐受到国际社会的关注，目前列入联合国教科文组织《世界遗产名录》的项目中，已经有半数以上属于历史城区、历史街区，它们往往既保持有完整的历史风貌，又具有现代化的生活基础设施，成为令人向往的文化圣地。《中华人民共和国文物保护法》诞生以来的30年间，1982年历史文化名城纳入国家文物保护范围，2002年历史文化街区、村镇又纳入保护范围，这一变化体现了国家文化遗产保护的视野已经从单体文物、历史建筑群的保护，拓展到了历史文化名城、街区和村镇的保护。目前我国已经拥有43项世界遗产，是拥有世界遗产最多的国家之一；我国已经公布了110余座国家历史文化名城、500余个历史文化名镇、名村，对继承和弘扬中华民族优秀传统文化，发挥了积极的作用。

但是令人遗憾的是，相比之下在我国的文化遗产保护领域，历史城区、历史街区的保护相对滞后。无论是《世界遗产名录》还是全国重点文物保护项目中，列入保护的历史城区、历史街区数量很少，与国际文化遗产保护领域发展趋势形成反差。实际上，在我国拥有丰富的历史城区、历史街区文化资源。但是多年来，一些城市在所谓的"旧城改造""危旧房改造"中，采取大拆大建的开发方式，致使一片片历史街区被夷为平地；一条条文化名街被无情摧毁。由于忽视对历史城区、历史街区的保护，造成延续千百年的文化空间破坏、历史文脉割裂，社区邻里解体，导致城市记忆的消失。

2008年7月1日《历史文化名城名镇名村保护条例》公布实施，给文化遗产保护和城市文化建设带来了新的机遇。在这一背景下，中国文化报社抓住有利契机，筹划"中国历史文化名街"推介活动，产生了积极广泛的社会影响，得到包括社区居民、地方政府、

中国历史文化名街保护同盟成立大会（2012年9月22日）

专家学者等社会各界的关注与支持，有效地调动社会力量参与文化遗产保护事业。自2008年7月，召开首届"中国历史文化名街"评选活动以来，"中国历史文化名街"评选活动，一如既往地坚持以评选为手段来推动对历史文化街区的抢救、保护和发展。"中国历史文化名街"评选推介活动的目的，就是将当代中国那些文化底蕴深厚、地方特色鲜明和有发展活力的历史文化街区介绍给公众、展示给世界，促进历史文化街区的保护。记得去年6月，我们在山东曲阜举办了《中国历史文化名街成果展》，我在讲话中曾经说道，"每一条名街都是美的浓缩、诗的化身，是中国文化、中国艺术、中国智慧的结晶。每一条名街都有着闪光的历史、悠久的文化和自身的特色，都是各级政府和当地民众积极保护的结果"。

2005年12月，《国务院关于加强文化遗产保护的通知》发布，表明开始了从"文物保护"走向"文化遗产保护"的历史性转型，文化遗产保护的内涵逐渐深化，更加注重世代传承性和公众参与性；文化遗产保护的范围不断扩大，呈现出若干新的发展趋势。从单体文物保护为主，到更加注重集中连片的街区整体保护；从对文物本体的保护，到对文物与其周边历史环境风貌的整体保护；从物质文化遗产保护，到物质与非物质文化遗产保护并重；从单纯文化遗产保护，到文化遗产保护与民生和当地经济社会发展紧密结合。"中国历史文化名街"评选活动的健康持续展开，成为我国文化遗产保护领域的开创性实践，成为近年来探索文化遗产保护内涵深化和外延扩展的一项重要成果。我们欣喜地看到，历史文化名街评选活动如同一粒火种，点燃了全社会对历史文化街区保护的热情，产生了积极的效果。4年来4届40条中国历史文化街区入选，成百上千条的历史文化街区在努力加入这个阵营，有力地推动更多的政府、民众关注历史文化街区的保护工作，形成良好的社会影响。

今天，中国历史文化名街保护同盟的成立，正当其时。如果说对历史文化街区的重视程度是城市文明程度的重要标志，体现着城市发展演进的自觉水平，那么，这一由各历史文化街区自发成立的保护联盟，意味着历史文化街区的保护将体现出从个体到群体、从政府到全民的文化自觉与文化自信，体现出我国的文化遗产保护工作正在从"政府保护"进入到"全民参与"的阶段。因此，中国历史文化名街保护同盟的成立，意义重大。

历史文化街区的保护和城市的发展，体现着城市独特的思维方式和文化价值，积淀着城市发展的历史轨迹。这是一个呼唤文化的时代。要延续城市发展文脉，改变"千城一面"的状况，就要努力让这些历史文化街区保持原来的空间尺度、原来的历史风貌、原来的地域肌理、原来的文化传统，让历史文化的积淀不会骤然消失，更成为社会进步与可持续发展的文化动力。历史文化名街保护的未来发展任重道远，关键在于以正确的理念来平衡不同的利益主体，走可持续发展之路。历史文化街区相关工作不仅仅是抢救、保护，也需要弘扬与发展，让其在展现历史积淀的同时，也镌刻时代的发展。历史文化街区的保护需要依照法律法规，坚持"保护为主，抢救第一，合理利用，加强管理"的方针，切实加强科学保护和合理利用。要积极发挥其与社会的良性互动功能，让这一宝贵文化资源成为促进社会经济发展的积极力量。

今天，中国历史文化名街保护同盟成立大会在历史文化名城杭州举办很有意义。西湖是中国人心中美丽的精神家园。西湖申报世界文化遗产的过程同样美丽感人。西湖申报世界文化遗产的年代，正值杭州经济社会蓬勃发展之际，西湖周边土地和房屋的价格，一度超过北京、上海、深圳，无疑具有巨大的吸引力和诱惑力。但是杭州市开展了持续的西湖保护行动，采取"保护老城，建设新城"、从"西湖时代"走向"钱塘江时代"的战略抉择，捍卫了西湖美丽的文化遗产，使"三面云山一面城"文化景观，使西湖周边历史街区的真实性和完整性得到了切实的保护。当一些城市在城市化加速进程和大规模城市建设中，由独具特色的伟大城市滑向平庸的时候，杭州在持续的保护行动中进一步彰显出伟大与尊严。在去年的第35届世界遗产委员会会议上，杭州西湖文化景观成功列入《世界遗产名录》，为世界文化遗产保护树立起了新的典范，人们对长期以来坚守崇高文化理想的杭州城市决策者和广大市民、对呕心沥血为西湖保护和申报世界文化遗产付出艰辛努力的文物工作者，对长期以来支持文化遗产保护的社会各界人士充满敬意与感激。

尊敬的各位专家，各位来宾：历史文化名街的评选推介活动已经举办了4年，4岁还处于幼年，是一项开拓性的工作，需要大家的关心、支持和爱护。衷心希望，以中国历史文化名街保护同盟成立为新的起点，推动历史文化名街保护向纵深发展。

在法国巴黎"中国历史文化名街展"开幕式上的讲话

（2012 年 10 月 23 日）

很高兴来到这里，参加由中国文化传媒集团和法国巴黎中国文化中心共同举办、各个历史文化街区共同参与的"中国历史文化名街展"启幕仪式。我认为，此时此刻，这样一个主题的展览，在历史悠久、文化底蕴深厚的巴黎举办，正逢其时。

一方面巴黎是最早在世界文化遗产领域倡导对历史文化街区实施整体保护的城市。早在1962年，巴黎专为历史文化街区保护工作颁布《马尔罗法》，对于全世界历史文化街区的保护产生了重大影响，也影响到了中国历史文化街区保护的历程。从保护文物建筑的本体到保护文物建筑的环境，从保护单体建筑到保护历史街区，这样一个发展的脉络，使人们对于正在生活着的城市环境，更是倍加爱护，并自愿参与到保护的实际行动当中。

另一方面，在东方的中国，从20世纪80年代开始城市化加速进程，同时也引发了大规模的城市建设，在各个历史性城市中，历史文化街区的保护成为一个非常尖锐和紧迫的课题。从20世纪80年代，在城市规划建设部门、城市文化遗产保护部门，在专家学者层面，在各个高等院校、科研院所层面，进行了大量的历史文化街区保护方面的研究和一些试点性工作，但是如何更好地唤起各个城市政府、当地民众，特别是居住在历史街区里面的民众，对历史文化街区文化价值的深刻认识，进而唤起保护意识，开展保护行动，长期以来还显得不够。

在此背景下，2008年，由中国文化报社率先发起，联合中国文物报社共同开展的"中国历史文化名街"评选推介活动，迅速得到了中国文化部、中国国家文物局的批准和支持。特别令人高兴的是，这项活动得到了拥有历史文化街区的城市政府和居住在历史文化街区里广大民众的积极响应和拥护。每年有10条历史文化街区在上百条甚至数百条历史文化街区的申报评选中脱颖而出，经过4年，已评选出40条历史文化名街。

今天，中国历史文化名街评选推介活动已成为一项具有深刻社会影响的文化行动，目标也越发显现出来。有三点：第一，使历史文化街区在城市中更加拥有尊严，成为当今城市生活中最有尊严、最令人向往、最令人流连忘返的地方；第二，该项保护行动融入各个城市的经济社会发展格局之中，成为促进经济社会可持续和谐发展的积极因素；第三，使社区民众能够享受到历史文化名街保护的现实成果，使当地民众的生活质量得到持续不断的改善。

在过去的几年里，我有幸走遍了已入选的40条中国历史文化名街，远到西藏拉萨、黑龙江哈尔滨、海南海口，我能证明这些中国历史文化名街近年来的可喜变化，保护、传承、发展的成果得到不断的且实实在在的展现。

为了使中国历史文化名街的保护更加深入人心，中国文化传媒集团几年来先后在北京中国美术馆、山东曲阜孔子研究院、日本东京中国文化中心举办了"中国历史文化名街主题艺术展""中国历史文化名街成果展"和"中国历史文化名街展"，使历史文化街区的保护行动得到更多城市和民众的支持，使更多历史文化街区被列入保护的行列。

今天，充满东方风情的中国历史文化名街又走进历史文化名城巴黎，再一次站在世界舞台上展示自己的文化魅力，成为一件很有意义的文化盛事。真诚希望中法两国同行以此为契机，建立起历史文化街区保护的友好合作关系，加强交流，相互促进，共同探索历史文化街区保护的更为可行的模式，推动历史文化街区的可持续发展，共同绘制两国文化遗产保护更加美好的蓝图。

法国巴黎中国文化中心举办"中国历史文化名街展"开幕式（2012年10月21日）

在 2012 中国历史文化名街专家座谈会上的讲话

（2012 年 12 月 8 日）

"中国历史文化名街"评选推介活动自2008年启动至今已走过4个年头，4年来一步一个脚印，回望一下也可谓成果丰硕，评选出来的40条历史文化名街文物保存丰富，历史底蕴深厚，文化特色鲜明，街区的传统格局和整体风貌也较为完整，堪称我们国家和民族极为宝贵的文化资源。特别令人高兴的是，这项活动得到了历史文化街区所在地的城市政府和街区广大民众的热烈响应。

在名街评选推介活动的影响下，我国的许多城市都加大了对历史文化街区的投入和保护力度，有序开展一系列保护工作，在文化文物部门的引导和推动下，各地民众支持保护历史文化街区的积极性不断高涨，媒体朋友们也加大了对历史文化街区保护工作的报道，更多的民众和有志之士加入到保护历史文化街区的团队中来。

今年9月，"中国历史文化名街保护同盟"在杭州成立，来自各名街的50余名代表讨论通过了《中国历史文化名街保护同盟章程》。这是一个由各历史文化街区自发成立的保护联盟，意味着历史文化街区的保护行动，体现出从个体到群体、从政府到全民的文化自觉与文化自信。

为了使中国历史文化名街的保护更加深入人心，中国文化传媒集团几年来在中国美术馆、山东曲阜孔子研究院、日本东京中国文化中心组织举办各种展览活动，面向全国、全世界推介历史文化名街。今年10月，"中国历史文化名街展"在法国巴黎成功举办，生动地向世界展现了中国历史文化街区的文化魅力和地域风情，展览引起了国内外新闻媒体的关注，赢得了法国公众及专家学者的关注和喜爱，人们开始认识、研究中国的历史文化名街，各参展街区的代表们也通过这次展示交流，对各自所在城市历史文化街区今后的保护方向有了更深入的思考。

可以说，这一系列举措使得中国历史文化名街评选推介活动已成为一项具有深刻社会影响的文化行动。历史文化名街保护的未来发展任重道远，关键在于以正确的理念来开展保护工作，同时稳妥平衡不同的利益主体，走积极健康发展之路，走可持续发展之路。历史文化街区相关工作重点是抢救、保护，也需要弘扬与发展，让其在展现历史积淀的同时，也镌刻时代的发展。

4年来，每次评选活动，专家们都以公开、公正、公平的原则，以认真负责的态度对待。今天会议的三个议题都是当前中国历史文化名街推介工作中需要研究解决的内容，在此，还希望各位专家提供宝贵建议！

2012年中国历史文化名街专家答谢会(2012年12月8日)

在第五届"中国历史文化名街"专家评审会上的讲话

（2013 年 4 月 25 日）

"中国历史文化名街"评选推介活动，自2008年启动至今，已成功举办了四届。可以说，这个活动是在我国城市化进程持续加快、大规模城市建设持续展开、历史文化街区保护面临重大压力的背景下，开展的一项具有开创性意义的文化行动。4年来持续不断地有效推介，有力地提升了社会对于历史文化街区保护的关注程度，将历史文化街区在文化遗产保护中举足轻重的重要意义凸显出来，既将历史文化街区的保护落到了实处，也将传统的文物单体保护整合为集中的连片保护，成为城市文化建设和文化遗产保护的关键内容。

历史文化街区是城市发展的重要资源，是老百姓日常生活的地方，文化被誉为"经济发展的原动力"，它对于一个城市文化景观的影响比单一的建筑意义要大得多。这一点已经在很多城市的发展进程中得以证实。作为城市发展独特见证的历史文化街区，在城市形象展示、历史文化教育、乡土情结维系、文化身份认同、生态环境建设、和谐社区构建等方面具有多重价值。越来越多的人认识到，历史文化街区绝不是城市发展的包袱，而是城市建设的资源和动力。

然而，我们也不得不面对这样的现实：随着城市化进程的加快，各地政府为了谋求政绩，将改造旧城、建设新城当作地方经济新的增长点。这样一来，使承载着千年文化积淀的历史文化街区受到了极大的挑战。这不仅体现在无视它的存在，而且还表现在对历史街区的过度消费上，例如有的省份为了发展旅游，把历史文化街区的居民搬迁，交给旅游公司经营管理，这样的街区即使建筑设施没有改变，内涵也发生了实质性的改变，是一种不正常的发展方向。所以我们应该继续对历史街区加大宣传，使之朝着正确的方向健康发展。

然而历史文化街区是特殊类型的文化遗产，又是广大民众日常生活的场所，因此，保护历史文化街区必然是一个动态的过程，也是一个长期的过程，不可能冻结在某一时段。经过4年来的不断努力，中国历史文化名街评选推介活动已成为一项具有深刻社会影响的文化行动，但怎样发挥"名街"在文化民生中的突出作用，使名街挂牌以后可持续地为城市经济发展做出贡献，吸引

第五届中国历史文化名街专家评审会（2013年4月25日）

更多的社会参与，还需要我们予以持续关注和重视。

4年来的实践也表明，这项文化活动产生了良好的效果。在名街评选推介活动的影响下，许多城市都加大了对历史文化街区的投入和保护力度，有序开展一系列保护工作，包括制定相应的法律法规，将历史文化街区纳入法律保护的范畴；完善历史文化街区的保护规划，使历史文化街区和传统建筑免遭到破坏。并且，在政府的引导和推动下，各地民众保护历史文化街区的积极性和热情不断高涨；相关专家不断呼吁，提出了许多建设性的意见；媒体也加大了对历史文化街区保护工作的持续关注，广泛宣传报道，唤起了社会公众对于历史文化街区的保护意识，使更多的民众和有志之士加入到保护历史文化街区的队伍中来。

历史文化街区保护的未来发展任重道远，关键在于以正确的理念来平衡不同的利益主体，走可持续发展之路。历史文化街区相关工作不仅仅是抢救、保护，也需要弘扬与发展；其保护的成果应惠及全体民众，通过加强传统民居建筑维修，完善生活基础设施，改善社区生态环境等措施，提高居民生活质量，增强历史文化街区的吸引力。

如今，第五届名街评选推介活动在前四届成功举办的基础上持续开展，希望这一活动继续保持一贯的严格标准，本着公开、公平、公正的原则，评选出最具有价值、最迫切需要保护的历史文化名街，继续将历史文化街区保护工作推向深入；也希望各位专家对历史文化街区的保护和管理等工作提出宝贵意见和建议，共同把历史文化街区这一重大城市文化遗产保护的工作做好、做实、做大、做强。

留住城市记忆 守护心灵家园[①]

（2013 年 5 月 23 日）

　　历史文化街区的保护和城市的发展，体现着城市独特的思维方式和文化价值，积淀着城市发展的历史轨迹。这是一个呼唤文化的时代。而要延续城市发展文脉，改变"千城一面"的状况，就要努力让这些历史文化街区保持原来的尺度、原来的风貌、原来的肌理、原来的生活方式，让历史文化的沉淀不会骤然消失，更让其成为社会进步的文化动力。作为城市发展独特见证的历史文化街区，在城市形象展示、历史文化教育、乡土情结维系、文化身份认同、生态环境建设、和谐社区构建等方面具有多重价值。越来越多的人认识到，历史文化街区绝不是城市发展的包袱，而是城市建设的资源和动力。

　　然而，我们也不得不面对这样的事实：随着城市化进程的加快，各地政府为了谋求政绩，将改造旧城、建设新城当作地方经济新的增长点。这样一来，承载着千百年文化积淀的历史文化街区受到了极大的挑战。这不仅体现在无视它的存在，而且还表现在对历史文化街区的过度消费上，例如有的省份为了发展旅游，把历史文化街区的居民整体搬迁出来，将其交给旅游公司经营管理。这样的街区即使建筑设施没有改变，内涵也发生了实质性的改变，是一种不正常的发展方向。所以应该继续对历史文化街区

[①] 此文发表于《中国文化报》，2013 年 5 月 23 日，第 7 版。

加大宣传，使之朝着正确的保护方向健康发展。

可以说，"中国历史文化名街"评选推介活动，是在我国城市化进程持续加快、城市建设大规模展开、历史文化街区保护面临重大挑战的背景下，开展的一项具有开创性意义的文化行动。自2008年启动以来，持续不断地有效实施和宣传，有力地提升了社会各界人士对历史文化街区保护的关注度，将历史文化街区在文化遗产保护中举足轻重的重要意义很好地凸显出来。这一评选活动既将历史文化街区的保护落到了实处，也将传统的文物单体保护整合为集中的连片保护，成为城市文化建设和文化遗产保护的关键内容。

如今，第五届"中国历史文化名街"评选推介活动在前四届成功举办的基础上持续开展，保持一贯的严格标准，本着公开、公平、公正的原则，评选出最具有价值、最迫切需要保护的历史文化名街，继续将历史文化街区保护工作推向深入。

回望"中国历史文化名街"评选推介活动走过的5个年头，可谓一步一个脚印，没有一分浮躁，评选出的40条历史文化名街文物资源丰厚、历史底蕴深厚、文化特色鲜明，街区的传统格局和整体风貌也较为完整，堪称我们国家和民族难能可贵的文化资源。

尤其令人欣慰的是，这项文化活动产生了良好的效果。在名街评选推介活动的影响下，许多城市都加大了对历史文化街区的投入和保护力度，有序开展了一系列保护工作，包括制定相应的法律法规，将历史文化街区纳入法律保护的范畴；完善历史文化街区的保护规划，使历史文化街区和传统建筑免遭破坏，并且在政府的引导和推动下，各地民众保护历史文化街区的积极性和热情不断高涨；相关专家不断呼吁，提出了许多建设性的意见；媒体也加大了对历史文化街区保护工作的持续关注，广泛宣传报道，唤起了社会公众对于历史文化街区的保护意识，使更多的民众和有志之士加入到保护历史文化街区的行列中来。

历史文化街区是特殊类型的文化遗产，也是广大民众日常生活的场所，因此，保护历史文化街区必然是一个动态的过程，也是一个长期的过程。经过5年来的不断努力，"中国历史文化名街"评选推介活动已经成为一项具有深刻社会影响的文化行动，但怎样发挥"名街"在文化民生中的突出作用，使名街挂牌以后可持续地为城市经济社会发展做出贡献，吸引更多的社会公众参与，还需要我们予以持续关注和重视。

历史文化名街保护的未来发展任重道远，也不断有一些新的情况发生，有喜有忧。一方面很多城市跳出老城、建设新城的现象非常普遍，但是新城建设也有一些问题，例如盖大广场、景观大道，浪费了很多土地资源；另一方面一些旧城在建设压力松绑以后，虽然不再盯着历史城区进行拆迁改造，但是建设仿古一条街、没有依据的历史建筑盲目复建等现象也不断有所耳闻。历史文化街区的保护关键在于以正确的理念来平衡不同的利益主体，走积极健康的可持续发展之路。历史文化街区相关工作不仅仅是抢救、保护，也需要弘扬与发展，让其在展现历史积淀的同时，也镌刻时代的发展内容，并使保护的成果惠及全体民众，通过加强传统民居建筑维修、完善生活基础设施、改善社区生态环境等措施，提高居民生活质量，增强历史文化街区的吸引力。

在《中国历史文化名街》第五卷即将出版之际，衷心感谢那些为这项事业付出心血和汗水的人们，也由衷希望在社会各界的共同关注和推动下，"中国历史文化名街"评选推介活动能够越办越好，为留住我们的城市记忆、守护民族的精神家园发挥更大的作用！

在中国文物学会历史文化名街专业委员会成立大会上的讲话

—（2013 年 6 月 27 日）

今天，我们齐聚在此，见证中国文物学会历史文化名街专业委员会的成立。我谨代表中国文物学会对此表示衷心的祝贺！

历史文化街区是历史文化名城的有机组成部分，是特殊类型的文化遗产，又是广大民众日常生活的场所。历史文化街区的保护和发展，体现着一座城市的思维方式和文化价值，积淀着城市发展的历史轨迹。作为城市发展独特见证的历史文化名街，在城市形象展示、历史文化教育、乡土情结维系、文化身份认同、生态环境建设、和谐社区构建等方面具有多重价值。

历史文化名街保护是一项动态的、长期的文化工程。近年来不断有一些新的情况发生，有喜有忧。一方面很多城市跳出老城、建设新城的现象非常普遍，但是新城建设也有一些问题，例如热衷于建设大广场、大绿地、大水面、景观大道，浪费了很多土地资源。另一方面，一些旧城在建设压力松绑以后，虽然不再盯着历史城区进行拆迁改造，但是建设仿古街区、盲目复建没有依据的历史建筑等现象也不断有所耳闻。

在宣传、保护、发展历史文化名街的实践中，我们的理念、方法不断提升、完善。各方专家及热心人士为此辛勤奔走，推动历史文化名街这项事业不断进步。今天，历史文化名街专业委员会的成立，对于进一步提升名街相关工作的学术水准，规范相关规章制度，加强业内交流合作，引导这项事业的科学发展具有十分重要的意义，中国文物学会对此十分重视。我们要注意发挥好历史文化名街专业委员会的人才优势和智力资源，开展好委员会的各项工作。

第一，以历史责任感为支点，坚持和推广科学的保护理念。要延续城市发展文脉，改变"千城一面"的状况，就要努力让这些历史文化街区保持原来的空间尺度、原来的历史风貌、原来的地域肌理、原来的文化传统，让历史文化的积淀不会骤然消失，更成为社会进步与可持续发展的文化动力。历史文化名街保护的未来发展任重道远，关键在于以正确的理念来平衡不同的利益主体，走可持续发展之路。历史文化街区相关工作不仅仅是抢救、保护，也需要弘扬与发展，让其在展现历史积淀的同时，也镌刻时代的发展。历史文化街区的保护需要依照法律法规，坚持"保护为主，抢救第一，合理利用，加强管理"的方针，切实加强科学保护和合理利用。要积极发挥其与社会的良性互动功能，让这

中国文物学会历史文化名街专业委员会成立大会（2013年6月27日）

一宝贵的文化资源成为促进社会经济发展的积极力量。为此，历史文化名街专业委员会应当积极宣传贯彻《文物保护法》，开展历史文化名街的保护工作。

第二，以"中国历史文化名街"评选推介活动为依托，广泛动员社会力量。5届活动共评选出50条名街，另外，各地每年还有数百条街道积极申报，为国家保护了一大批珍贵的历史文化街区和文化遗产，成为继历史文化名城、名镇、名村保护之后又一重大举措。通过每届评选和挂牌等活动，提高了有关地方领导、广大市民和媒体的保护意识和积极性，逐步完善了历史文化街区的保护方针，加强了对保护原则和方法的认识。历史文化名街评选推介活动积累了经验，并在历史文化街区的保护运行机制，相关人员培训和加强保护条例、法令等方面进行了探索，使活动得到更有效的和可持续性的发展。历史文化名街评选推介活动，广泛宣传其历史文化、风土民俗以及保护历史文化名街的重要意义，

香港中英街（2013年7月30日）

增强社会各界的保护意识，广泛动员社会力量。中国历史文化名街评选推介活动对于历史文化名街专业委员会而言既是民众基础又是传播阵地，历史文化名街专业委员会应对已评选出的历史文化名街的保护和发展情况开展调研及督导，并为其提供政策、法律及专业知识等方面的咨询服务，组织开展历史文化名街相关专业知识与保护技能的培训。

第三，以集成的方式，吸纳各方智慧。此次提交成立大会讨论的中国文物学会历史文化名街专业委员会的理事会名单，包含了当前该领域遗产研究的杰出力量。这是非常令人羡慕的人才集成。当前各级政府保护发展文化遗产的责任意识、主动意识显著增强；全社会参与文化遗产保护、传承的积极性不断高涨。但是，也必须看到，在文化遗产保护理念和实践中，还存在着许多误区和空白。经济社会的快速发展，也要求我们必须以时不我待的紧迫感来抓紧开展工作，把实践升华为理论，用科学的理论指导实践。作为历史文化名街专业委员会，应该把自己工作的目光更加集中到保护好、研究好、传承好文化遗产方面，搭建好保护研究的平台，集合各位会员与专家的智慧，探索一些有理论价值、有实践基础、有应用意义的研究课题和项目，多出优异成果，培养优秀人才，为促进历史文化街区的保护研究和保护实践做出积极的贡献。同时，团结海内外热心历史文化名街保护的人士，组织考察研究，开展与国际以及港澳台历史文化名街保护领域的交流与合作，虚心借鉴国际同行的经验，承担起为人类共同文化智慧的传承做出新贡献的责任。

第四，以规范的组织，保障事业的健康发展。中国文物学会是团结文物专家学者和社会各界人士积极参与文物保护工作的学术团体。今天，作为学会的分支机构历史文化名街专业委员会的成立，为学会的工作拓展了新的领域。我们希望学会的领导班子和各位理事，各单位会员和个人会员，都要遵守中国文物学会的章程和历史文化名街专业委员会的工作规则，践行学会的宗旨和责任，健全完善工作制度，维护学会的诚信和声誉。做好历史文化名街专业委员会的工作，要一手抓组织建设，一手抓开展活动。在今后的工作中加强团结，相互协作，组织结构完善，活动富于特色，展示专业委员会的生机与活力。

历史文化名街专业委员会的成立，是对以往工作的一次梳理和肯定，更是一个全新的起点。通过科学的研究和传播，保护好传承好历史文化名街的文化遗产，是历史赋予我们的责任，也是时代对我们的期望。我们要通过扎实有序的工作，交出一份合格的答卷。

再次祝贺历史文化名街专业委员会成立大会的成功召开，并期待历史文化名街保护工作再上一个新的台阶！

澳门凼仔市政街市（2014年9月25日）